Forschungsreihe der FH Münster

Die Fachhochschule Münster zeichnet jährlich hervorragende Abschlussarbeiten aus allen Fachbereichen der Hochschule aus. Unter dem Dach der vier Säulen Ingenieurwesen, Soziales, Gestaltung und Wirtschaft bietet die Fachhochschule Münster eine enorme Breite an fachspezifischen Arbeitsgebieten. Die in der Reihe publizierten Masterarbeiten bilden dabei die umfassende, thematische Vielfalt sowie die Expertise der Nachwuchswissenschaftler dieses Hochschulstandortes ab.

Weitere Bände in der Reihe https://link.springer.com/bookseries/13854

Luisa Friedrichs · Annalena Waluga

Die gedrosselte Beziehung

Eine empirische Studie zur
Bedeutung von Nähe und Distanz in
der Heimerziehung

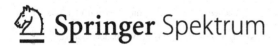 Springer Spektrum

Luisa Friedrichs
Münster, Deutschland

Annalena Waluga
Münster, Deutschland

ISSN 2570-3307   ISSN 2570-3315 (electronic)
Forschungsreihe der FH Münster
ISBN 978-3-658-36023-8   ISBN 978-3-658-36024-5 (eBook)
https://doi.org/10.1007/978-3-658-36024-5

Planung/Lektorat: Marija Kojic
Springer Spektrum ist ein Imprint der eingetragenen Gesellschaft Springer Fachmedien Wiesbaden GmbH und ist ein Teil von Springer Nature.
Die Anschrift der Gesellschaft ist: Abraham-Lincoln-Str. 46, 65189 Wiesbaden, Germany

Inhaltsverzeichnis

Abkürzungsverzeichnis

Abb.	Abbildung
Abs.	Absatz
Abschn.	Abschnitt
bspw.	beispielsweise
bzw.	beziehungsweise
ca.	circa
d. h.	das heißt
ebd.	ebenda
et al.	et alii
f.	folgende
ff.	fortfolgende
FK 1	Fachkraft 1
FK 2	Fachkraft 2
FK 3	Fachkraft 3
FK 4	Fachkraft 4
FK 5	Fachkraft 5
FK 6	Fachkraft 6
ggf.	gegebenenfalls
GTM	Grounded Theory Methodologie
Hrsg.	Herausgeber*in(nen)
HzE	Hilfen zur Erziehung
I 1	Interviewerin 1
I 2	Interviewerin 2
i. d. R.	in der Regel
Kap.	Kapitel
KJHG	Kinder- und Jugendhilfegesetz

s.	siehe
S.	Seite
SGB	Sozialgesetzbuch
Tab.	Tabelle
u. a.	unter anderem
vgl.	vergleiche
z. B.	zum Beispiel

Abbildungsverzeichnis

Tabellenverzeichnis

Einleitung

1

> „Sozialarbeiterinnen und Sozialarbeiter sprechen von
> Problemen, die nahe gehen, von Klienten und
> Klientinnen, die zu nahe kommen, oder von den
> Anstrengungen, Distanz zu wahren, und der
> Notwendigkeit, auf Distanz zu gehen"
>
> (*Gräber* 2015, S. 329).

Dieses Zitat beschreibt eines der stärksten Spannungsfelder, in dem die Soziale Arbeit tagtäglich agiert[1]. Das gleichzeitige Streben nach Nähe und Distanz stellt einen Balanceakt dar, der eine paradoxe Struktur innehat, aber gleichzeitig essenziell ist. Für die Beziehungsarbeit braucht es Nähe, während professionelles Handeln Distanz erfordert (vgl. *Leck* 2018, S. 367). Das Begriffspaar ist im (sozial-)pädagogischen Kontext sehr gebräuchlich und bestimmt maßgeblich den beruflichen Alltag sowie das professionelle Handeln der Fachkräfte. Insbesondere der Bereich stationärer Heimerziehung, als Ort professionell-institutionellen Handelns, verpflichtet sich der Ausgestaltung förderlicher Lebensverhältnisse für Kinder und Jugendliche, die vorübergehend oder dauernd getrennt von ihren Familien leben. Die Wohngruppe stellt für eine jeweils unterschiedliche Zeitspanne den Lebensmittelpunkt für die dort untergebrachten jungen Menschen dar. Sie bietet ihnen ein Zuhause auf Zeit. Heimerziehung ist ein unverzichtbares Handlungsfeld der Kinder- und Jugendhilfe und wird es voraussichtlich

---

[1] Von Spiegel (2018) fasst die Grundbeschaffenheit der Sozialen Arbeit als Charakteristika zusammen, in denen auch diverse Spannungsfelder begründet sind. Bezugnehmend auf die Charakteristika erfolgt eine Betrachtung der Thematik dieser Studie in Kapitel 3.

auch in Zukunft bleiben (vgl. *Günder* 2015, S. 11). Dies belegen u. a. die
aktuellen Zahlen des Berichtes der Hilfen zur Erziehung (HzE) aus dem Jahr
2019, denen zu entnehmen ist, dass im stationären Hilfesegment von 2008 bis
2017 ein stetiger Zuwachs der Inanspruchnahmen zu verzeichnen ist (vgl. *Tabel*
et al. 2019, S. 18). „So waren 95.000 Kinder und Jugendliche im Jahr 2018 in
einem Heim untergebracht" (*Statistisches Bundesamt* 2019, o. S.). Der steigende
Zuwachs der Inanspruchnahmen macht deutlich, dass der pädagogischen Arbeit
und neuen Entwicklungen im Bereich der stationären Heimerziehung stärkere
Aufmerksamkeit entgegengebracht werden sollte. *Gaus* und *Drieschner* (2011,
S. 8 f.) formulieren die Sorge, dass der Bedeutung stabiler und emotional verankerter Beziehungen im Heimsetting nicht nachgekommen werden kann, wenn
die Unsicherheiten im Balanceakt von Nähe und Distanz überwiegen. Dabei bietet der reflektierte Umgang im Spannungsfeld von Nähe und Distanz für die
professionelle Beziehungsgestaltung einen unverzichtbaren Ausgangspunkt (vgl.
Gahleitner 2017, S. 138). Würde ein einzelfallübergreifendes Konzept für den
Umgang mit Nähe und Distanz bestehen, wären die Diskurse um das Spannungsfeld weitaus weniger aufgeregt (vgl. *Rätz* 2011, S. 65). Trotz hoher Relevanz
der Thematik findet die Perspektive des Umgangs mit Nähe und Distanz in der
Heimerziehung wenig Beachtung in der Forschung und im Praxistransfer. Ferner
wurden bislang nur wenige wissenschaftliche Analysen durchgeführt und expli-
ziert (vgl. *Gräber* 2015, S. 329f.), was auch im Rahmen der Recherchen zum
aktuellen Forschungsstand deutlich wird (s. Kap. 3). Nur durch eine gelungene
Theorie-Praxis-Verknüpfung kann ein Versuch vorgenommen werden, Strukturen zu entwickeln, die Fachkräften die Tätigkeit im Spannungsfeld von Nähe
und Distanz erleichtern können (vgl. *Gahleitner* 2019, S. 12). Gewinnbringend
erscheint dafür die Betrachtung konkreter Handlungsfelder, um Handlungsmög-
lichkeiten und Sensibilität für Nähe und Distanz zu entwickeln (vgl. *Leck* 2018,
S. 368). Aus dem Grund möchten wir, Luisa Friedrichs und Annalena Waluga,
als Masterstudierende der Fachhochschule Münster, uns in Kooperation ein Forschungsziel setzen: Uns interessiert die Bedeutung von Nähe und Distanz in
der stationären Heimerziehung, die wir anhand einer empirischen Studie analysieren möchten. Konkret fokussieren wir dabei die Fragestellung „Welche
Bedeutung haben Nähe und Distanz für die Beziehungsgestaltung in stationären
Heimeinrichtungen der Kinder- und Jugendhilfe?".

Die vorliegende Masterthesis ist in sieben Kapitel gegliedert. Nach der Einleitung wird in Kapitel 2 eine theoretische Einordnung vorgenommen, die relevante
Begriffe definiert und historische Einordnungen und Entwicklungen erläutert. Ziel
dieses Kapitels ist die Skizzierung einer theoretischen Grundlage, die im weiteren Verlauf für Rückbezüge genutzt wird. 3 beschäftigt sich mit dem aktuellen

Forschungsstand zur Nähe-Distanz-Thematik in der stationären Heimerziehung, zeigt Implikationen für diese Arbeit auf und bildet damit die Basis zur Entwicklung einer geeigneten Forschungsfrage. Danach wird im Kapitel 4 das zugrunde gelegte Forschungsdesign beschrieben, bei dem wir uns für die Entwicklung einer Grounded Theory Methodologie (GTM) entschieden haben. Um den Prozess der empirischen Forschung transparent zu machen, wird zunächst die Wahl des Forschungsstils begründet, zentrale Begrifflichkeiten der GTM auf unser Forschungsvorhaben angewendet sowie die Wahl unserer Erhebungsinstrumente und deren Anwendung dargelegt. In Bezug auf die Auswertung werden sowohl der Transkriptionsprozess als auch die Datenanalyse beschrieben. Die Überprüfung der Gütekriterien und die Reflexion des Forschungsprozesses runden den methodologischen Teil der Arbeit ab. Anschließend werden die empirischen Ergebnisse in Kapitel 5 dargestellt, bevor diese im Kapitel 6 unter Rückbezug auf die Grundlagenliteratur diskutiert und ihre praktischen Implikationen herausgestellt werden. Abschließend werden die Kernaussagen der Masterthesis in Kapitel 7 zusammengefasst und mögliche Ausblicke für anknüpfende Forschungsvorhaben gegeben.

Das Heim als Zuhause auf Zeit – Theoretische Grundlagen

2

Das folgende Kapitel gibt einen Überblick über die theoretischen Grundlagen, die für den Forschungsgegenstand der Masterthesis relevant sind. Hierzu wird zunächst das Handlungsfeld dargestellt, in dem die vorliegende Forschung durchgeführt wird. Anschließend werden wesentliche Begriffe, die im Fokus des Forschungsinteresses stehen, definiert und in einen Zusammenhang gebracht.

2.1 Handlungsfeld Heimerziehung

Das Handlungsfeld der Heimerziehung als Leistungsfeld der modernen Jugendhilfe stellt bis heute ein kontinuierlich notwendiges Praxisfeld der stationären Erziehungshilfen dar. Dabei unterliegt es vielfältigen Spezialisierungs- und Entwicklungsprozessen (vgl. *Günder* 2015, S. 11). Wie sich das Image der stationären Heimerziehung im Laufe der Geschichte entwickelt hat, welchem rechtlichen Konstrukt es unterliegt und welche Anforderungen Kinder und Jugendliche in Heimeinrichtungen an pädagogische Fachkräfte herantragen, wird im Folgenden thematisiert.

© Der/die Autor(en), exklusiv lizenziert durch Springer Fachmedien Wiesbaden GmbH, ein Teil von Springer Nature 2021
L. Friedrichs und A. Waluga, *Die gedrosselte Beziehung,* Forschungsreihe der FH Münster, https://doi.org/10.1007/978-3-658-36024-5_2

2.1.1 Historischer Abriss

Die Geschichte der Heimerziehung weist einen deutlichen Wandel auf. Innerhalb der letzten 50 Jahre hat sich das Image der Heimerziehung verändert, welches durch unzulängliche Rahmenbedingungen und fehlende pädagogische Schwerpunkte geprägt war (vgl. *Günder* 2015, S. 38). Im 16. Jahrhundert entstanden die ersten Waisenhäuser, in denen strenge Erziehungsformen herrschten und erste Ansätze pädagogischer Zielverfolgung zu verzeichnen sind. Dieser Trend wurde zeitweise in Folge des Dreißigjährigen Krieges durchbrochen, weil die Anzahl verwaister Kinder zunahm und eine Art Massenunterbringung entstand, die das Verfolgen pädagogischer Ziele torpedierte und Missstände in die Unterbringungen brachte (vgl. ebd., S. 16 f.). Erst zur Zeit der Aufklärung veränderten sich das Wahrnehmungsbild und die Werte dahingehend, dass der Kindheit ein höherer Stellenwert zugesprochen wurde. Zentralen Einfluss hatten die pädagogischen Ansätze nach Pestalozzi (vgl. ebd., S. 20), die durch Nohl im 20. Jahrhundert aufgegriffen und weiterentwickelt wurden (s. Abschn. 2.2.2). Trotz dieser Weiterentwicklung war der Bereich der Heimerziehung bis in die 1970er-Jahre von Fachkräftemangel betroffen und erlitt in den 1950er- und 1960er-Jahren eine prägende Zeit, in der es zu sexuellen Missbrauchsfällen und Gewalterfahrungen gegenüber untergebrachten Kindern und Jugendlichen seitens des Heimpersonals kam (vgl. *Günder* 2015, S. 28 ff.).

„Erst gegen Ende der 1960er-Jahre wurde der Heimerziehung insgesamt mehr Aufmerksamkeit geschenkt. […] Die Öffentlichkeit wurde – teilweise in spektakulären Formen – auf die Not der in Heimen lebenden jungen Menschen aufmerksam gemacht, die Rahmenbedingungen und Erziehungspraktiken wurden angeprangert" (ebd., S. 26).

Seitdem sorgten verschiedene Reformen für strukturelle, aber auch qualitative Veränderungen, wodurch der anstaltsmäßige Charakter von Heimeinrichtungen überwunden wurde (vgl. *Gehres* 1997, S. 13 f.). Aus Einrichtungen mit Aufbewahrungscharakter, bei denen es um die reine Verwahrung und Versorgung bedürftiger Menschen ging (vgl. *Bigos* 2014, S. 26), wurden differenzierte, pädagogische Institutionen, in denen heutzutage qualitativ gut ausgebildete Fachkräfte tätig sind (vgl. *Günder* 2015, S. 38). Stationäre Erziehungshilfe meint in diesen Tagen keinesfalls nur Heimerziehung, sondern versteht sich als häufig realisierte und unverzichtbare Hilfeform für einen Teil der Kinder, Jugendlichen und

deren Familien (vgl. ebd., S. 12; *Teuber* 2003, S. 7). Dies belegen auch die Fall-
zahlen der Inanspruchnahme stationärer Heimunterbringung (s. Kap. 1) sowie der
damit verbundene stetige Ausbau der Erziehungshilfen (vgl. *Günder* 2015, S. 41).

2.1.2 Rechtliche Grundlagen und Zielsetzung

Werden Kinder und Jugendliche heute im Rahmen der Jugendhilfe fremdunter-
gebracht, kann dieses basierend auf verschiedenen rechtlichen Konstruktionen
stattfinden. Die gesetzlichen Grundlagen sind seit dem Jahr 1990 im Kinder- und
Jugendhilfegesetz (KJHG) und darin im Achten Sozialgesetzbuch (SGB VIII)
verankert. Bei längerfristigen Unterbringungen außerhalb der Herkunftsfamilie
bieten sich insbesondere die Hilfe zur Erziehung für die Personensorgeberech-
tigten (§ 27 ff. SGB VIII), die Eingliederungshilfe (§ 35 SGB VIII) als auch
Hilfen für junge Volljährige gem. § 41 SGB VIII an (vgl. *Finke* 2019, S. 6).
Sind Eltern aus unterschiedlichsten Gründen nicht gewillt oder in der Lage, das
Recht ihrer Kinder auf Förderung der Entwicklung und Erziehung zu eigen-
verantwortlichen und gemeinschaftsfähigen Persönlichkeiten (vgl. § 1 Abs. 1
SGB VIII) zu gewährleisten, so haben diese gem. § 27 Abs. 1 SGB VIII den
Anspruch auf Hilfe zur Erziehung, insofern eine Hilfe geeignet und notwendig
erscheint. Zu diesen Hilfen zählt u. a. das Handlungsfeld der Heimerziehung.
Rechtsgrundlage bildet der § 34 SGB VIII in Verbindung mit § 27 SGB VIII.
Heimerziehung versteht sich als eine gesetzlich festgelegte und zeitlich begrenzte
stationäre Erziehung außerhalb der Ursprungsfamilie durch pädagogische Fachkräfte. Die Kinder und Jugendlichen leben dabei in Lebensgemeinschaften, in
zumeist alters- und geschlechtsheterogenen Gruppen (vgl. *Bigos* 2014, S. 14). Der
moderne Anspruch geht hier über die reine Verwahrung und Versorgung bedürftiger junger Menschen hinaus (vgl. ebd., S. 26). Die Bemühungen stationärer
Jugendhilfemaßnahmen dienen laut gesellschaftlichem Auftrag der „Verbesserung
der Erziehungsbedingungen in der Herkunftsfamilie" (§ 34 SGB VIII) und der
Reintegration des Kindes in die Familie (vgl. *Bigos* 2014., S. 24 ff.). Das Ziel
liegt folglich entweder in der Vorbereitung einer Rückkehr des Kindes in die
Herkunftsfamilie, in der Vorbereitung auf ein Leben in einer anderen Familie
oder in einer längerfristig angelegten Lebensform, mit der eine selbstständige
Lebensführung der jungen Menschen angestrebt wird (vgl. § 34 SGB VIII).

„Das Heim als positiver Lebensort soll frühere oftmals negative oder traumatische
Lebenserfahrungen verarbeiten helfen, für günstige Entwicklungsbedingungen sorgen, Ressourcen erkennen und auf ihnen aufbauen, den einzelnen jungen Menschen

als Person annehmen und wertschätzen, eine vorübergehende oder auf einen längeren Zeitraum angelegte Beheimatung fördern und die Entwicklung neuer Lebensperspektiven unterstützen" (*Günder* 2015, S. 15).

Hier leben Kinder und Jugendliche in der Zuständigkeit von Fachkräften, die den alltäglichen Rahmen gestalten und die Organisation von Versorgung und (Aus-) Bildung übernehmen (vgl. *Thiersch/Thiersch* 2009, S. 19). In einem differenzierten Angebot von Unterbringungsformen ermöglicht das Feld der Heimerziehung den Aufbau exklusiver Beziehungen mit Fachkräften (vgl. *Heidemann/Greving* 2011, S. 31), die auf die Dauer des Heimaufenthaltes der jungen Menschen angelegt sind und jeweils individuell zwischen Fachkräften und Kindern bzw. Jugendlichen stattfinden.

2.1.3 Kinder und Jugendliche in der Heimerziehung

Kinder und Jugendliche, die in Heimeinrichtungen leben, tun dies in den seltensten Fällen aus freiem Entschluss. In der Regel liegen ihrem Aufenthalt schwierige familiäre Verhältnisse zugrunde, die von traumatischen Erlebnissen, langandauernden Frustrationen sowie mangelhaften Erziehungsbedingungen geprägt sind (vgl. *Günder* 2015, S. 39). Im Gegensatz zu Kindern, die unter sicheren Bindungsvoraussetzungen in ihren Herkunftsfamilien aufwachsen, haben Kinder und Jugendliche der Heimerziehung Beziehungsdilemmata erlebt. Während sie ihrem Bedürfnis nach Nähe zu ihren Bezugspersonen nachgingen, mussten sie in diesen Momenten physische und/oder psychische Schmerzen erfahren, die ein Erlernen gelingender Beziehungsgestaltung unmöglich machen (vgl. *Gahleitner* 2017, S. 90 f.).

Nicht nur in therapeutischen oder Intensiveinrichtungen gehören Bindungsverluste, Gewalterfahrungen, psychische Erkrankungen und/oder Verwahrlosung zu regelmäßigen Vorerfahrungen (vgl. *Abrahamczik* et al. 2013, S. 17 f.). „Kinder und Jugendliche, die in stationärer Erziehungshilfe leben, haben häufig in ihrer Herkunftsfamilie schon unter fehlenden, nicht tragfähigen oder verzerrten Beziehungen zu ihren Eltern gelitten" (*Günder* 2015, S. 101). Zweifellos beeinflussen solche Vorgeschichten die Arbeit in Heimeinrichtungen und erfordern kompensierende Erziehung und Sozialisation in Wohngruppen, die intensive Beziehungsarbeit der Fachkräfte erforderlich machen (vgl. ebd., S. 101). Werden heute ehemalige Heimbewohner*innen dieser Hilfeform befragt, gehören Bindungsbezüge, eine angemessene Sozialisationsstruktur sowie das fundierte Fachwissen der Pädagog*innen zu den zentralen Qualitätsmerkmalen (vgl. *Gahleitner*

2017a, S. 33). Fachkräfte der Heimerziehung arbeiten in einem hochkomplexen Bereich. Die zumeist bindungsgestörten Kinder und Jugendlichen sehnen sich trotz traumatischer Erfahrungen nach Nähe und engen Beziehungen (vgl. *Esser* 2014, S. 145). In verschiedenen Alltagssituationen können sie neue und intensive Beziehungserfahrungen sammeln, in denen die jungen Menschen unter anderem Beteiligungsformen sowie den Umgang mit Nähe und Distanz in Beziehungen erlernen können (vgl. *Teuber* 2003, S. 9). Wie sich Beziehungen im Allgemeinen und konkret in professionellen, pädagogischen Settings kennzeichnen und welche Bedeutungen ihnen zukommen, wird im nächsten Abschnitt theoretisch erfasst.

2.2 Beziehung

Immer dort, wo professionelle Akteure für andere Menschen tätig sind, bildet die Möglichkeit, zwischenmenschliche Beziehungen zu gestalten, eine zentrale Aufgabe (vgl. *Bauer* 2019, S. 35). In diesem Kontext begrenzen sich die Beziehungen zwischen Fachkräften und Klient*innen auf festgelegte Aufgabenbereiche, vereinbarte Umgangsformen und eine bestimmte Dauer (vgl. *Heiner* 2010, S. 130). Bevor die Praktiken der pädagogischen Beziehung und der professionellen Beziehungsgestaltung dargelegt werden, sollen zunächst der allgemeine Beziehungsbegriff und die Entstehung der pädagogischen Beziehung geklärt werden.

2.2.1 Begriffsbestimmung

„Den zwischenmenschlichen Prozess, der sich aus unserem Verhalten gegenüber Anderen und aus den mit ihnen gemachten wechselseitigen Erfahrungen ergibt, nennen wir»Beziehung«" (*Bauer* 2019, S. 35). Beziehungen definieren sich über den Begriff der Interaktion und sind das Ergebnis von sozialen und dialogischen Austauschprozessen (vgl. *Heiner* 2010, S. 129). Wie eine Beziehung ist oder sich entwickeln soll, ist jedoch von vielen sich bedingenden Faktoren abhängig. Die Komponenten Wertschätzung, Echtheit und Vertrauen werden als Voraussetzung für den Aufbau und die Gestaltung von Beziehungen bezeichnet (vgl. *Müller* 2006, S. 26 f.). Dabei lässt sich die Qualität der Beziehung positiv beeinflussen (vgl. *Bauer* 2019, S. 35) und trägt dazu bei, dass Menschen unterschiedliche Erfahrungen durch wechselseitige Einflüsse von Anderen erleben und gewinnen können (vgl. *Bigos* 2014, S. 40). Diese verschiedenen Beziehungserfahrungen beeinflussen entscheidend den zukünftigen Verlauf von Interaktionen (vgl. *Gahleitner* 2019, S. 10; *Jungmann/Reichenbach* 2016, S. 40). Beziehungen sind durch eine Dauerhaftigkeit gekennzeichnet und unterscheiden sich in ihrer Intensität und Nähe. Sie zeichnen sich durch Verbindlichkeit und Verlässlichkeit aus, wodurch auch in schwierigen Phasen oder Konfliktsituationen eine kontinuierliche Begleitung gewährleistet wird (vgl. *Rätz* 2017, S. 139). Dadurch sind sie begrifflich von einmaligen Kontakten und Begegnungen abzugrenzen, die eine hohe Flüchtigkeit und Unverbindlichkeit aufweisen (vgl. *Schäfter* 2010, S. 23). Zwar sind Beziehungen individuell verschieden, doch sind sie für jeden Menschen von zentraler Bedeutung (vgl. *Bigos* 2014, S. 40). Insbesondere für Kinder ist der Aufbau von Beziehungen essenziell, da sie in ihrer frühen Entwicklungsphase auf mitmenschliche Beziehungen angewiesen sind (vgl. *Prengel* 2019, S. 73). Kinder, die in die Gesellschaft geboren werden und in ihr aufwachsen, brauchen Vertrauen. Dieses „Vertrauen ist in Beziehungen begründet und wächst in ihnen" (*Thiersch/Thiersch* 2009, S. 13). Der Zusammenhang von Vertrauen und Beziehung wird in der Pädagogik als wesentliche Voraussetzung professionellen Handelns erachtet und im Rahmen des pädagogischen Bezugs immer wieder thematisiert (vgl. ebd.). Der pädagogische Bezug als zentrales Konzept zur Beziehung im pädagogischen Kontext wird nachfolgend mit Blick auf heutige Beziehungsverständnisse vorgestellt.

2.2.2 Pädagogischer Bezug nach H. Nohl

Herman Nohl (* 1879, † 1960) war ein deutscher Philosoph und Pädagoge (vgl. *Giesecke* 1997, S. 218 f.). Er beschäftigte sich als erster Vertreter der geisteswissenschaftlichen Pädagogik mit der Frage nach dem pädagogischen Miteinander und setzte die Thematik in einen größeren Zusammenhang (vgl. *Schäfter* 2010, S. 33; *Giesecke* 1997, S. 220). Nach dem ersten Weltkrieg widmete er sich dem Thema der pädagogischen Beziehung ausführlicher und führte erstmals den Begriff des „pädagogischen Bezugs" in die Erziehungswissenschaften ein (vgl. *Giesecke* 1997, S. 222). Er definiert den pädagogischen Bezug als „das leidenschaftliche Verhältnis eines reifen Menschen zu einem werdenden Menschen, und zwar um seiner selbst willen, daß er zu seinem Leben und seiner Form komme" (*Nohl* 1933, S. 22). Das Konzept des pädagogischen Bezugs beschreibt die formale Struktur einer Beziehung zwischen einem Kind bzw. Jugendlichen und seiner professionellen Bezugsperson (vgl. *Klika* 2013, S. 48). Die notwendige Voraussetzung einer jeden pädagogischen Beziehung und somit auch die Bedingung des pädagogischen Bezugs ist das gegenseitige Vertrauen zwischen jungen

Menschen und ihren professionellen Fachkräften (vgl. ebd., S. 42). Gleichzeitig ist die Beziehungsstruktur unter anderem durch Gegenseitigkeit, Nähe und emotionale Wärme charakterisiert (vgl. *Meyer* 2009, S. 59). In der durch Nähe gekennzeichneten, pädagogischen Interaktion wird von Erzieher*innen gleichzeitig die Distanz zum Jugendlichen gefordert (vgl. *Colla/Krüger* 2013, S. 32). Die Haltung der zu Erziehenden, nach *Nohl* auch Zöglinge genannt, ist demzufolge durch „Hingabe vs. Selbstbewahrung und Widerstand" (ebd., S. 40) bestimmt. Einerseits ist es die Aufgabe der Fachkräfte die jungen Menschen in ihrer Entwicklung zu fördern und ihre Persönlichkeit zu gestalten. Andererseits geht es um die bewusste Zurückhaltung der Fachkräfte, damit die Kinder und Jugendlichen eigenständig ihren Selbstwert finden und sich frei entwickeln können (vgl. *Klika* 2013, S. 39). Hier wird deutlich, dass die Beziehung auf Seiten der Kinder bzw. Jugendlichen und aus der Perspektive der Fachkraft durch „unaufhebbare Antinomien" (ebd., S. 39) gekennzeichnet ist. Eine weitere Spannung ist darin begründet, dass Erzieher*innen und Zöglinge zwar in Beziehung zu einander treten, gleichzeitig aber danach streben, sich voneinander zu lösen (vgl. ebd., S. 41). Das Konzept des pädagogischen Bezugs ist demnach vom ersten Augenblick an auf dessen Nichtigkeit gerichtet, und zwar in dem Maß, wie der Zögling selbst in seiner Reife fortschreitet (vgl. *Giesecke* 1997, S. 226 f.).

„Das Verhältnis des Erziehers zum Kind ist immer doppelt bestimmt: von der Liebe zu ihm in seiner Wirklichkeit und von der Liebe zu seinem Ziele, dem Ideal des Kindes, beides aber nun nicht als Getrenntes, sondern als ein Einheitliches: aus diesem Kinde machen, was aus ihm zu machen ist, das höhere Leben in ihm entfachen und zu zusammenhängender Leistung führen, nicht um der Leistung willen, sondern weil in ihr sich das Leben des Menschen vollendet" (*Nohl* 1966, S. 23).

Neben der antinomischen Struktur nimmt *Nohl* weitere Bestimmungen der Erzieher*innen-Zögling-Beziehung vor und nennt die Liebe als wesentliches Element pädagogischen Handelns (vgl. *Klika* 2013, S. 44). Die Liebe als Erziehungsmittel weist dabei eine historische Entwicklung auf. Die sogenannte pädagogische Liebe entwickelt sich von einem anerkannten zu einem radikal abgelehnten Bestandteil der Beziehung (vgl. *Gahleitner* 2017, S. 35 ff.; *Gaus/Uhle* 2009, S. 41; *Meyer* 2009, S. 57). Im pädagogischen Zusammenhang wird der Liebesbegriff vermehrt diskutiert. Dabei wird Liebe zu Kindern im familiären, intimen Setting verortet und dementsprechend aus dem Bereich öffentlicher Erziehung verwiesen (vgl. *Gahleitner* 2017, S. 38). *Meyer-Drawe* (2012, S. 129 ff.) spitzt die Verortung der Liebe noch weiter zu. Sie bezeichnet diese als ein pädagogisches Problem und sieht sie als Widerspruch zur Professionalität. In dem Zuge fordert sie eine strikte Trennung zwischen privater und öffentlicher Erziehung, die anstelle des Liebesbegriffs Aspekte wie emotionale Nähe und sachliche Distanz erfährt. Als Ersatz für den Liebesbegriff setzen sich immer mehr Begriffe wie Wohlwollen, Wertschätzung, Respekt und Beziehungsarbeit durch, die dem Beziehungsaspekt in pädagogischen Kontexten seinen Arbeitscharakter verleihen (vgl. ebd., S. 38).

Trotz der Kritik am Liebesbegriff und am Konzept des pädagogischen Bezugs, gelten *Nohls* Auffassungen bis heute als notwendige Bestandteile sozialpädagogischer Arbeit (vgl. *Tetzer* 2011, S. 181). Sie wurden unter anderem durch *Herrmann Giesecke* theoretisch aufgearbeitet. Er setzte an den historischen Entwicklungen an und ging der Frage des professionellen Handelns in pädagogischen Beziehungen nach. Laut *Gieseckes* Auffassungen erfolgt in *Nohls* Konzept des pädagogischen Bezugs keine hinreichende Differenzierung zwischen familiärer und professioneller Beziehung. Demzufolge setzt er sich mit der Frage auseinander, was konkret pädagogische Beziehung charakterisiert (vgl. *Giesecke* 2013, S. 67 ff.). Die Gestalt pädagogischer Beziehungen wird im nachfolgenden Unterkapitel vorgestellt.

2.2.3 Pädagogische Beziehung

In der heutigen Gesellschaft unterliegen pädagogische Beziehungen ständigen Wandlungsprozessen. Durch „Individualisierung, Pluralisierung, Ausdifferenzierung und Entgrenzung" (*Rätz* 2011, S. 69) hat sie in den letzten Jahren eine stetige Veränderung durchlebt. Im Unterschied zu Nohls Auffassungen, der von einer eher dyadischen Beziehung zwischen Adressat*innen und Fachkräften ausgeht, bezieht sich die pädagogische Beziehung auf eine bestimmte Angelegenheit oder Sache. Damit lässt sie sich eindeutig von Liebes- oder Freundschaftsbeziehungen abgrenzen (vgl. *Krautz/Schieren* 2013, S. 13). „Als »pädagogisch« wird eine Beziehung bezeichnet, wenn sich das erzieherische Handeln ausdrücklich auf das Lernen der Kinder und Jugendlichen bezieht" (*Strobel-Eisele* 2013, S. 17). Professionelle pädagogische Beziehungen sind demnach weniger an gefühlsbasierten Bindungen ausgerichtet. Vielmehr gewinnen Aspekte wie Distanz und Reflexivität an Bedeutung (vgl. *Drieschner* 2011, S. 109; *Gahleitner* 2017, S. 236).

Die Beziehung zwischen pädagogischen Fachkräften und Adressat*innen gilt bis heute als Grundlage des pädagogischen Selbstverständnisses (vgl. *Schäfter* 2010, S. 23). Es handelt sich nicht um irgendeine Art der Beziehung. Pädagogische Beziehungen weisen spezifische Merkmale auf. Dazu zählen institutionell festgelegte Kontinuität, definierte Rollen, zeitlich begrenzte Interaktionen, festgelegte Ziele sowie die Reflexion des Interaktionsverhaltens professioneller Fachkräfte (vgl. *Best* 2020, S. 45). Es handelt sich folglich um stärker regelgeleitete und enger definierte Beziehungen (vgl. *Jungmann/Reichenbach* 2016, S. 40 f.). Ferner ist die pädagogische Beziehung durch ihr asymmetrisches Verhältnis zwischen den beteiligten Akteur*innen gekennzeichnet. Diese strukturelle Asymmetrie entsteht durch die ungleiche Ressourcenverteilung in den Bereichen Macht und Kompetenz, denn im Kontext von Erziehung geht es immer wieder um das Aufzeigen von Regeln und Grenzen (vgl. *Strobel-Eisele* 2013, S. 17; *Arnold* 2009, S. 113). Pädagogische Beziehungen sind jedoch ausdrücklich darauf ausgerichtet, das asymmetrische Verhältnis aufzuheben und somit überflüssig zu machen. Bereits *Nohl* betonte diesen Aspekt in seiner Konzeption des pädagogischen Bezugs (vgl. *Tetzer* 2009, S. 108). Kern der pädagogischen Beziehung sind die Aspekte Einfühlung und Führung, die jeweils in ihrem individuellen Maß reguliert werden müssen. Dazu bedarf es der Balance von Nähe und Distanz (vgl. *Bauer* 2019, S. 35). „Die professionelle Beziehung gilt [...] als Basis und Rahmen für methodisches Handeln in der Sozialen Arbeit. Über sie und in ihr werden die Inhalte Sozialer Arbeit gestaltet, vermittelt und umgesetzt" (*Arnold* 2009, S. 33). Dies macht eine spezifische professionelle Beziehungsgestaltung erforderlich.

2.2.4 Professionelle Beziehungsgestaltung

Die professionelle Beziehungsgestaltung hat vergleichbar mit der pädagogischen Beziehung weit zurückreichende Wurzeln: angefangen in der Antike über die geisteswissenschaftliche Pädagogik und reformpädagogische Überlegungen bis hin zur ehemaligen und aktuellen psychoanalytisch-pädagogischen Diskussion (vgl. *Gahleitner* 2017, S. 138). In der heutigen Zeit spielt sie in der Sozialen Arbeit und vor allem im Handlungsfeld der Heimerziehung eine entscheidende Rolle. Kinder und Jugendliche, die in Heimen leben, haben bereits viele negative Erfahrungen mit ihren Bezugspersonen gesammelt und vielfache Beziehungsabbrüche und Vertrauensmissbrauch erlebt (vgl. *Gahleitner* 2019, S. 10; Abschn. 2.1.3). Durch eine Nähe-Distanz-Regulierung der Fachkräfte muss eine Vertrauensbasis zu den jungen Menschen erst wieder geschaffen werden (vgl. *Gahleitner* 2017, S. 234). Eine gute Beziehung zwischen den Fachkräften und den Klient*innen ist eine notwendige Voraussetzung dafür, dass die jungen Menschen neue Anregungen aufnehmen und korrigierende Beziehungserfahrungen machen können (vgl. *Heiner* 2010, S. 129). Durch die Beziehungsarbeit sollen ihnen Erfahrungsräume eröffnet werden, in denen sie sich Handlungsfähigkeiten aneignen können, die sich positiv auf ihre Entwicklung auswirken (vgl. *Wigger* 2017, S. 144). Eine fehlende Anleitung, wie sich eine professionelle Beziehung im Einzelnen gestalten lässt, führt zu Unsicherheiten auf Seiten der pädagogischen Fachkräfte (vgl. *Best* 2020, S. 47). Sie erfordert eine hohe Bereitschaft, sich über eigene Grenzen und die eigene Professionalität bewusst zu werden (vgl. *Bigos* 2014, S. 11). Professionelles Handeln verlangt „eine reflektierte, theoretisch begründbare und nur tendenziell lehrbare Beziehungsgestaltung mit den KlientInnen – entlang eines klaren Rollenverständnisses" (*Gahleitner* 2017, S. 36). Dieser Aspekt verdeutlicht, dass die Beziehungsgestaltung zwischen Klientel und Fachkraft eher als ein formales Arbeitsbündnis verstanden werden kann, welches sich aus Komponenten des Sich-Einlassens, Sich-Auseinandersetzens und der Fähigkeit zum Umgang mit Nähe und Distanz zusammensetzt und u. a. auch von Angst und Verletzlichkeit geprägt ist (vgl. *Petzold* 2013, S. 20). Dennoch ist die Beziehungsgestaltung essenziell für die Kinder und Jugendlichen in stationären Wohngruppen und stellt die Grundlage für das Gelingen eines Hilfeprozesses dar (vgl. *Wigger* 2017, S. 144).

Aktuelle Auseinandersetzungen mit der professionellen Beziehungsgestaltung drehen sich dabei um die Pole Nähe und Distanz und nehmen „reflexiv die damit verbundenen Ambivalenzen des Interaktionsgeschehens unter dem Stichwort»pädagogische Antinomien« in den Blick" (*Gahleitner* 2017, S. 138). Die professionelle Beziehungsgestaltung weist zwei unterschiedliche Seiten auf. Einerseits sollen Fachkräfte Nähe zu ihren Adressat*innen ausdrücken, um eine vertrauensvolle Grundlage zu schaffen. Andererseits müssen sie distanziertes Verhalten zeigen, damit die Liebe nicht übergriffig bzw. manipulativ wird (vgl. *Gaus/Drieschner* 2011, S. 23 f.). Selbstwahrnehmung und Selbstreflexion von Fachkräften in der Beziehungsgestaltung erfordert dabei professionelle Handlungskompetenz zum Einsatz der eigenen Person als Werkzeug (vgl. *von Spiegel* 2018, S. 74). Professionelle benötigen ausreichend Kenntnis über ihre eigene Persönlichkeit und deren Wirkung, damit sie sich selbst als Werkzeug in der Beziehungsarbeit einsetzen können. Teile der Persönlichkeit gilt es „fall- und kontextbezogen" (ebd., S. 74 f.) für die professionelle Beziehung einzusetzen und fachlich zu begründen. Der reflektierte Umgang mit der Ambivalenz zwischen Nähe und Distanz bietet einen äußerst wichtigen Ausgangspunkt für die professionelle Beziehungsgestaltung innerhalb der Sozialen Arbeit (vgl. *Gahleitner* 2017, S. 138).

2.3 Nähe und Distanz

Die Begriffe Nähe und Distanz werden in der Fachliteratur zur Veranschaulichung von Beziehungsdynamiken verwendet (vgl. *Schäfter* 2010, S. 61). Dabei handelt es sich um ein Begriffspaar, welches nicht nur in alltäglichen Beziehungserfahrungen, sondern auch in sozialpädagogischen Kontexten essenziell und durch einen Spannungsbereich gekennzeichnet ist (vgl. *Dörr/Müller* 2019, S. 15 f.). Bevor das Spannungsfeld von Nähe und Distanz in diesem Kapitel beschrieben wird, bedarf es zunächst einer Definition der beiden Begriffe.

2.3.1 Begriffsbestimmung

Die Literatur hält vielfältige Begriffe bereit, die im Zusammenhang mit „Nähe" genannt werden. Nähe wird mit „Vertrauen", „Liebe", „Zuneigung", „Bindung" (vgl. *Gaus/Drieschner* 2011, S. 15, 22), „Intimität" (vgl. *Dörr/Müller* 2019, S. 15), „Schutz" (vgl. *Hoffmann/Castello* 2014, S. 10), „Geborgenheit" und „Verlässlichkeit" (vgl. *Thiersch* 2019, S. 45) assoziiert. Pädagogisch verstandene Nähe meint dabei die Begegnung von Fachkräften und Adressat*innen in Angelegenheiten eines gemeinsamen Interesses. Dabei spielen Fürsorglichkeit, Empathie und/oder Sympathie eine Rolle (vgl. *Seifert/Sujbert* 2013, S. 178). Nähe als etwas Natürliches ist zumeist positiv konnotiert (vgl. *Landkammer* 2012, S. 14 f.) und dient „als Mittel zur Herstellung von Arbeitsbündnissen" (*Gaus/Uhle* 2009, S. 25). „Lassen Fachkräfte keine Nähe zu, manifestiert sich ein Machtgefälle zwischen ihnen und den Klient*innen" (*Thiersch* 2012, S. 42, zit. n. *Leck* 2018, S. 367). *Dörr* und *Müller* (2019, S. 22) sprechen von einer programmatischen Aufwertung von Nähe in sozialpädagogischen Tätigkeitsfeldern. Es bedarf an Nähe zum subjektiven Standort der Klient*innen, zur Lebenswelt sowie den individuellen Alltagsproblemen. Obwohl Nähe zur Schaffung einer vertrauensvollen Basis beiträgt und insbesondere dann relevant ist, wenn Hilfesuchende Unterstützung benötigen, kann sie gleichzeitig auch als Bedrängnis erlebt werden und zu einer starken, emotionalen Verstrickung in professionellen Beziehungen führen (vgl. *Best* 2020, S. 43 f.). An dieser Stelle wird die Notwendigkeit des Distanzaspekts deutlich.

Thiersch und *Thiersch* (2009, S. 129) verbinden Distanz mit Begriffen wie „Freiraum" und „Selbsttätigkeit", *Müller* (2019, S. 173) ergänzt diese um „Diskretion", „Neutralität" und „Sachlichkeit". Distanz ist dabei weniger negativ behaftet, sondern viel mehr als Chance wahrzunehmen, Fachkräften und Klient*innen Platz zum Handeln sowie Spielräume und Gelegenheiten zu bieten, erwartungsgerecht zu agieren (vgl. *Lehmann* 2012, S. 53). Ebenso gibt fördernde Distanz den Freiraum zur selbstständigen Entwicklung (vgl. *Best* 2020, S. 45). In professioneller Hinsicht ermöglicht die Distanzeinnahme eine Abgrenzung zwischen beruflichen und privaten Themen, die die Fähigkeit zur Beobachtung und Reflexion mit sich bringt. Nur so kann ein adäquater Umgang mit emotionalen Anliegen der Adressat*innen gewährleistet werden, ohne dass es zu Verfestigungen oder Verschlimmerungen von Problemlagen kommt (vgl. ebd., S. 44 ff.). Distanzwahrung im pädagogischen Kontext birgt jedoch auch Risiken. Darunter fallen Aspekte, wie zum Beispiel das Beharren auf Abstand, Zurückhaltung oder Formen von Desengagement (vgl. *Lehmann* 2012, S. 54). Zu viel Distanz schadet der Arbeit, sobald sie von Klient*innen als Desinteresse oder gar Ablehnung interpretiert wird (vgl. *Leck* 2018, S. 267). Gegensätzliche Erwartungen und Bedürfnisse der beteiligten Akteur*innen können folglich zu Diskrepanzen führen, die eine ständige Auseinandersetzung erforderlich machen (vgl. *Seifert/Sujbert* 2013, S. 177).

2.3.2 Spannungsfeld

Es gibt also nicht nur entweder die Nähe oder die Distanz. Aus sozialpädagogischer Sicht handelt es sich hier um ein grundlegendes Denk- und Interaktionskonzept, welches das Verhältnis zwischen Professionellen und Adressat*innen treffend umschreibt (vgl. *Klatetzki* 2019, S. 92 f.). Nähe und Distanz sind keine sich ausschließenden Größen, Nähe enthält den Distanzaspekt bereits. Sie beschreibt die Entfernung zwischen zwei Polen, so gering sie auch ausfällt (vgl. *Gräber* 2015, S. 333). „So ist Nähe auf Distanz verwiesen und Distanz auf Nähe. Nähe gelingt, wo auch Distanz gegeben ist, und Distanz, wo sie sich auf Nähe beziehen kann" (*Thiersch* 2019, S. 45). Damit ist die Balance dieser beiden Größen unter keinen Umständen einfach herzustellen, sie enthält immer einen prekären Aushandlungsprozess (vgl. *Dörr* 2010, S. 21), den Fachkräfte im Feld der Heimerziehung tagtäglich individuell und flexibel gestalten müssen (vgl. *Schäfter* 2010, S. 63). Auf der einen Seite liegt die Herausforderung der Fachkräfte in der kompetenten Ausführung ihrer formalen Berufsrolle, auf der anderen Seite in dem Eingehen einer emotionalen Beziehung zu ihren Klient*innen (vgl. *Dörr/Müller* 2019, S. 16). Nähe wird dabei als Kernelement sozialpädagogischer Arbeit verstanden und ist mit hoher Beziehungsqualität und Vertrauensaufbau verbunden. Gleichzeitig wird eine professionelle Distanzierung von den Fachkräften gefordert (vgl. *Thiersch* 2019, S. 42). Beide Größen dieses Balanceaktes weisen verschiedene Gefahrenaspekte auf. Das Zulassen von zu viel Nähe gegenüber den

Klient*innen kann zur Folge haben, dass pädagogisches Handeln laienhaft und unverantwortlich wird. Gleichzeitig kann die Gefahr bestehen, dass Fachkräfte die Beziehung zu ihren Adressat*innen durch bewusstes Handeln zur Befriedigung eigener Bedürfnisse ausnutzen (vgl. *Leck* 2018, S. 367). Gerade die beruflichen Tätigkeiten, die Nähe im alltäglichen Leben aufweisen, wie es im Bereich der Heimerziehung als Zuhause auf Zeit der Fall ist, sind erhöhtem Legitimationsdruck ausgesetzt. Hier wird die Frage nach Professionalität im Berufsalltag vermehrt gestellt (vgl. *Böhle* et al. 2012, S. 185). Die „dramatische[n] Erfahrungen ehemaliger Heimkinder in der Bundesrepublik und das Fortwirken dieser Erfahrungen in ihrer gesamten Lebensgeschichte sind beklemmend" (*Unabhängige Kommission zur Aufarbeitung sexuellen Kindesmissbrauchs* 2020, S. 5). Sie ziehen bis heute weitreichende Folgen in das Feld der Heimerziehung, wo sexuelle Gewalt an Kindern und Jugendlichen verdeckt und straffrei ausgeübt worden ist (vgl. ebd.). Den Ergebnissen von Fallstudien der unabhängigen Kommission zur Aufarbeitung sexuellen Kindesmissbrauchs in der evangelischen und katholischen Kirche und in der DDR zufolge, bedarf die Thematik des Kindesmissbrauchs kritischer Auseinandersetzung. Der Annahme entsprechend wurde eine Fallstudie mit Schwerpunkt auf Institutionen, insbesondere auf Heimeinrichtungen, durchgeführt (vgl. ebd., S. 4). Fachkräften in der Heimerziehung, die Beziehungen zu jungen Menschen gestalten, müssen sich im Kontakt zu ihrer vulnerablen Zielgruppe mit dem Balanceakt von Nähe und Distanz befassen. Erst bei reflektiertem Einsatz von Nähe und Distanz kann eine besondere Nähe zu Klient*innen Legitimität erfahren (vgl. *Kowalski* 2020a, S. 162). Die Legitimierungsnotwendigkeit im beruflichen Alltag von Pädagog*innen im Heim wird nur selten auf explizite Weise als herausfordernder Bestandteil der Tätigkeit vermittelt (vgl. *Koch* 2018, S. 23). Vor dem Hintergrund, dass die Literatur keinerlei konkrete Handlungsanweisungen oder Konzepte bereithält, wie Fachkräfte mit der Gestaltung des Spannungsfeldes von Nähe und Distanz umgehen haben, entstehen Unsicherheiten über „richtige" Verhaltensweisen in Aushandlungssituationen. Diese Handlungsunsicherheit verdeutlicht die Notwendigkeit eines forschungsmethodischen Umgangs und die Relevanz der Nähe-Distanz-Thematik, auf welchen im nachfolgenden Kapitel genauer eingegangen wird.

Nähe und Distanz – ein wenig erforschtes Spannungsfeld

Die Thematik Nähe und Distanz in der Kinder- und Jugendhilfe wurde innerhalb der Erziehungswissenschaften theoretisch, aber auch forschungsmethodisch und methodologisch vernachlässigt und findet infolgedessen wenig Beachtung in der Fachliteratur der Sozialen Arbeit (vgl. *Seifert/Sujbert* 2013, S. 166). Erst mit der Professionalisierungsdebatte[1] der Sozialen Arbeit wurde das Problem der Ausbalancierung von Nähe und Distanz stärker in den Fokus gerückt.

> „[Sie ist] in der Praxis der sozialen Arbeit allgegenwärtig im Alltag des Umgangs mit den AdressatInnen und mit den KollegInnen; sie zielt auf eine der zentralen Dimensionen in der Frage nach dem Selbstverständnis der Sozialen Arbeit" (*Thiersch* 2019, S. 42).

Hiltrud von Spiegel (2018, S. 25 ff.) fasst die Aspekte des beruflichen Selbstverständnisses als Charakteristika zusammen[2]. Im doppelten Mandat zeichnet sich bereits ein zentrales Spannungsfeld ab, das die Soziale Arbeit als staatsvermittelte Profession darstellt (vgl. *von Spiegel* 2018, S. 26). Dabei sind die Fachkräfte einem Balanceakt ausgesetzt, in dem sie den individuellen Problem- und Lebenslagen ihrer Klient*innen einerseits und dem gesellschaftlichen Kontrollauftrag

---

[1] Der Diskurs um die Professionalisierung der Sozialen Arbeit begann in den 1970er-Jahren und wurde maßgeblich durch Alice Salomon vorangetrieben, die zu Beginn des 20. Jahrhunderts die erste soziale Frauenschule begründete. Im Zentrum der Professionalisierungsdebatte stand die Frage, ob der Sozialen Arbeit der Status eines Berufes oder einer Profession zustehe. Durch die Beförderung des Berufsprofils sollte die gesellschaftliche Bedeutung hervorgehoben und der Status aufgebessert werden (vgl. *von Spiegel* 2018, S. 36 f.).

[2] Darunter fallen das doppelte Mandat, die Subjektorientierung, das Technologiedefizit und die Koproduktion (vgl. *von Spiegel* 2018, S. 25 ff.).

L. Friedrichs und A. Waluga, *Die gedrosselte Beziehung*, Forschungsreihe der FH Münster, https://doi.org/10.1007/978-3-658-36024-5_3

andererseits gerecht werden müssen (vgl. *Mennemann/Dummann* 2018, S. 74 f.). Die Notwendigkeit zur Distanzwahrung bringt das Charakteristikum der Handlungsregulation mit sich. Darin heißt es, dass Fachkräfte ihr fachliches Handeln regulieren müssen, damit der Gefahr einer emotional geleiteten, pädagogischen Arbeit entgegengewirkt werden kann (vgl. ebd., S. 76 ff.). Dennoch gilt Nähe zu den Adressat*innen als unverzichtbares Element. *Von Hippel* (2011, S. 47 ff.) greift dieses Element im Rahmen der Näheantinomie auf, die eines der von ihr beschriebenen Spannungsfelder beschreibt. Auf der einen Seite bedarf es dem Aufbau einer Beziehung als Grundlage für das Charakteristikum „Koproduktion", auf der anderen Seite braucht es die professionelle Distanz, damit die Beziehung ihren Arbeitscharakter behält und zur Wahrnehmung des gesellschaftlichen Auftrags dient (vgl. *Mennemann/Dummann* 2018, S. 86). Solche Spannungsfelder, die Fachkräfte in ihrer täglichen Arbeit ausbalancieren müssen, können für Unsicherheiten sorgen. Diese sind zu einem gewissen Maß dem (strukturellen) Technologiedefizit der Sozialen Arbeit geschuldet, welches keine kausalen Ursache-Wirkungs-Zusammenhänge zulässt. Fachkräfte handeln demzufolge fachlich autonom und sind für die konkrete und individuelle Art der Ausgestaltung verantwortlich (vgl. *von Spiegel* 2018, S. 31 ff.). „Professionalität zeigt sich gerade darin, dass man für jede Situation eine spezielle Vorgehensweise entwirft bzw. diese passgenau auf die Situation »zuschneidet«" (ebd., S. 33). Dieser Anspruch begründet u. a. auch die Unsicherheit um den Balanceakt von Nähe und Distanz in der Heimerziehung.

Die Autor*innen *Dörr* und *Müller* setzen sich seit mehreren Jahren mit der Nähe-Distanz-Thematik auseinander. In den aktuellen Ausgaben „Nähe und Distanz – Ein Spannungsverhältnis pädagogischer Professionalität" (*Dörr* 2019; *Dörr/Müller* 2012) werden unterschiedliche Themenbereiche von Nähe und Distanz in verschiedenen pädagogischen Fachsträngen veranschaulicht und versucht als systematische Grundfragen pädagogischen Handelns einzuführen. Die Autor*innen *Dörr* und *Müller* betrachten Nähe und Distanz als eine Metapher, die einen „mehrdimensionalen Spannungsbereich" aufweist und beschreiben die Thematik als wesentliche Aufgabe in sozialen und pädagogischen Feldern professionellen Handelns (vgl. *Dörr/Müller* 2019, S. 16). Sie stellen die Thematik als Herausforderung dar, die darin begründet ist, auf der einen Seite die formale Berufsrolle kompetent auszufüllen und sich auf der anderen Seite als pädagogische Fachkraft zugleich auf persönliche, emotional geprägte und nur begrenzt steuerbare Beziehungen einzulassen (vgl. ebd.). Trotz der Annäherung der Begrifflichkeiten von Nähe und Distanz in pädagogischen Arbeitsfeldern bietet die Publikation keine ganzheitliche Darstellung der Nähe-Distanz-Problematik für die Soziale Arbeit. Zudem beschränken sich die Autor*innen auf eine rein deskriptive Betrachtungsweise der Thematik und lassen empirische Untersuchungen außen vor.

Neben den Autor*innen *Dörr* und *Müller* (2012; 2019) beschäftigen sich *Mahlke* und *Wenning* (2016) mit dem Gegenstand von Nähe und Distanz und führten eine empirische Forschung durch, in der sie Fachkräfte interviewten. Sie erkundeten, welche Herausforderungen Nähe und Distanz in der Heimerziehung mitbringen und wie Fachkräfte den Umgang damit gestalten (vgl. *Mahlke/Wenning* 2016, S. 99). Sie kommen zu der Erkenntnis, dass Nähe und Distanz einen Balanceakt darstellen und die Herausforderungen auf einem Ungleichgewicht dieser beiden Aspekte beruhen. Diese werden von den Fachkräften eher auf Situationen zu großer Nähe, als zu großer Distanz in der Heimerziehung bezogen. Die größte Herausforderung für die Interviewpartner*innen stellt die Distanzierung von der Alltagsnähe dar (vgl. ebd., S. 99 f.). Mit der Forschung wird die Relevanz von Nähe und Distanz verdeutlicht und ein kleiner Einblick in die Thematik in der Heimerziehung gewährt. Dennoch lässt sich feststellen, dass insgesamt eine sehr limitierte Anzahl an Studien und Publikationen zum Gegenstandsbereich der Nähe-Distanz-Thematik in der Heimerziehung existiert. Im Gegensatz dazu werden verwandte Themenbereiche wie die Beziehungsgestaltung und Beziehungsarbeit in der Kinder- und Jugendhilfe, vor allem im Handlungsfeld der Heimerziehung, immer wieder thematisiert und diskutiert. So lassen sich einige qualitative Studien und Forschungsarbeiten[3] finden, die zwar andere Schwerpunkte setzen, jedoch partiell auch Hinweise auf den Zusammenhang von Beziehung und Nähe/Distanz geben.

Roland Schleiffer (2015, S. 114) beschreibt in seiner Publikation „Fremdplatzierung und Bindungstheorie" als Ergebnis verschiedener Wirksamkeitsstudien[4] der Heimerziehung, dass eine gute Beziehung zwischen Klient*in und Fachkraft die Wirksamkeit der Heimerziehung maßgeblich beeinflusst. So legt er dar, dass gemachte Erfahrungen in stationären Wohngruppen von Kindern und Jugendlichen positiver bewertet werden, wenn sie eine tragfähige Beziehung zu ihren Bezugsbetreuer*innen aufgebaut haben. Die Studien belegen, dass für

---

[3] Beispielhaft sind die Arbeiten von Genz-Rückert (2009) „Die Bedeutung von Beziehungsarbeit in der Heimerziehung unter Berücksichtigung von Möglichkeiten und Grenzen" und von Schiemann (2017) „Die Bedeutung der professionellen Beziehungsarbeit in der stationären Kinder- und Jugendhilfe am Beispiel der Heimerziehung" zu nennen.

[4] Hierbei handelt es sich um drei methodische Studien: die JULE-Studie, zu Leistungen und Grenzen von Heimerziehung (*Baur* et al. 1998); die Jugendhilfeeffekt-Studie (JES), die erste prospektive, hilfeübergreifende multizentrische Längsschnittstudie (*Schmidt* et al. 2002) und die vom Institut Kinder- und Jugendhilfe in Mainz im Jahr 1999 entwickelte EVAS-Studie, eines der am weit verbreitetsten Evaluationsverfahren erzieherischer Hilfen.

eine erfolgreiche Heimerziehung die Qualität der Beziehung ausschlaggebend ist (vgl. *Schleiffer* 2015, S. 114). Die Beziehungsqualität als Wirkfaktor im Feld der Heimerziehung wird bereits von *Gehres* im Jahr 1997 beschrieben. In seiner Untersuchung verdeutlicht er die Bedeutung der Beziehung zwischen Fachkräften und ihren Adressat*innen aus Sicht der befragten jungen Menschen. Diese geben an, dass eine gute Beziehung zu den Fachkräften den größten Einfluss auf ihre Entwicklung in stationären Wohngruppen gehabt habe. *Gahleitner* (2014, S. 65) unterstützt diese Aussage, indem sie Soziale Arbeit als Beziehungsarbeit betitelt. Sie kommt zu der Erkenntnis, dass die Qualität der Arbeit eng an das Gelingen der professionellen Beziehungsgestaltung gebunden ist (vgl. *Gahleitner* 2017, S. 10). In ihrer Publikation (2017) „Soziale Arbeit als Beziehungsprofession" beschäftigt sich die Autorin mit der professionellen Beziehungsgestaltung und geht der Frage umfassender Einflussfaktoren einer gelingenden Beziehungsgestaltung nach. Im Jahr 2019 publiziert *Gahleitner* erneut und erweitert ihre Erkenntnisse: Sie behandelt die professionelle Beziehungsgestaltung in psychosozialen Arbeitsfeldern. Diese zeichnet sich durch fachliche Kontinuität und Stabilität in personeller sowie auch struktureller Hinsicht aus und bezieht sich ihrer Ansicht nach auf eine zwischenmenschliche, umfeldorientierte und institutionelle Perspektive. Dieses Verständnis bezieht sich insbesondere auf den stationären und ambulanten Bereich der Kinder- und Jugendhilfe (vgl. *Gahleitner* 2019, S. 87).

In einer professionellen Beziehung wird von den Fachkräften gefordert, dass sie eine „richtige Nähe" und die „richtige Distanz" zu den Kindern einnehmen sollen (vgl. *Dörr* 2010, S. 21). Das Austarieren von Nähe und Distanz wird in der Literatur als Herausforderung beschrieben, die von professionellen Fachkräften in unterschiedlichen Situationen zu bewältigen und sensibel zu reflektieren ist (vgl. *Thole* et al. 2019, S. 205). Infolgedessen sind empirische Studien notwendig, die danach fragen, in welcher Form Nähe und Distanz praktisch realisiert und modelliert werden können (vgl. ebd.). Vor diesem Hintergrund war das Forschungsteam in Zusammenarbeit mit zwei weiteren Studierenden bereits 2019 in einem Forschungsprojekt tätig, in dem die Nähe-Distanz-Thematik in der Heimerziehung untersucht und der Fragestellung „Wie erleben Fachkräfte und Kinder/Jugendliche (im Alter von 10–15 Jahren) den Umgang mit Nähe und Distanz in der stationären Heimerziehung?" nachgegangen wurde. Im Rahmen des Forschungsprojekts wurden Interviews in zwei Wohngruppen freier Trägerschaft in Nordrhein-Westfalen durchgeführt, in denen sowohl vier Kinder als auch vier Fachkräfte zur Thematik befragt wurden. Als Ergebnis der Kinderinterviews akzentuiert sich, dass der Wohlfühlfaktor der Kinder und Jugendlichen in der Wohngruppe eine zentrale Bedeutung für den Beziehungsaufbau mit den

Fachkräften hat (vgl. *Friedrichs* et al. 2019, S. 17). Je wohler sich die jungen Menschen in der Wohngruppe fühlen, desto mehr Nähe können sie zulassen. Der Wohlfühlfaktor in der Gruppe wird nach Aussagen der Kinder und Jugendlichen durch Wertschätzung und ein altersgerechtes Maß an Partizipation und Akzeptanz gesteigert (vgl. ebd.). Die Auswertung der Interviews mit den Fachkräften hat ergeben, dass Nähe und Distanz im Wesentlichen als ein Balanceakt wahrgenommen werden und der professionelle Umgang mit der Thematik eine wichtige Rolle spielt. Dieser ist deshalb so bedeutend, weil individuelle Bedürfnisse und Erfahrungen der Kinder und Jugendlichen wahrgenommen und im Handeln berücksichtigt werden müssen. Die pädagogische Arbeit in der stationären Heimerziehung ist davon geprägt, dass Nähe zugelassen werden darf, aber gleichzeitig auch Distanz gegenüber den Kindern und Jugendlichen von den Fachkräften als notwendig empfunden wird. Die Balance, beide Komponenten professionell miteinander zu verbinden, wird von einigen Fachkräften als besondere Herausforderung wahrgenommen (vgl. ebd., S. 17 f.). Das Begriffspaar Nähe und Distanz wird in den Äußerungen und Antworten der Fachkräfte häufig mit Beziehung verknüpft bzw. mit Beziehungsgestaltung in einen unmittelbaren Zusammenhang gebracht. Ebenso wird den persönlichen Beziehungen zwischen den Fachkräften und den Klient*innen eine hohe Relevanz zugesprochen. Daraus lässt sich als prägnantes Ergebnis des Forschungsprojekts ableiten, dass sich die Beziehungsgestaltung und das Zulassen von Nähe bzw. die erforderliche Distanz gegenseitig bedingen.

Die vorliegende Masterthesis schließt an den Ergebnissen des Forschungsprojekts an, welches aufgrund der spezifischen Fragestellung keine generellen Aussagen über die Nähe-Distanz-Thematik zulässt. Dies macht eine offene Betrachtungsweise notwendig, der wir im Rahmen dieser Masterthesis nachgehen. Dafür haben wir folgende Fragestellung für unsere empirische Studie entwickelt:

> Welche Bedeutung haben Nähe und Distanz für die Beziehungsgestaltung in stationären Heimeinrichtungen der Kinder- und Jugendhilfe?

Um diesem Forschungsinteresse nachgehen zu können, ist es zunächst notwendig, eine geeignete Forschungsmethode auszuwählen und mit Blick auf das Erkenntnisinteresse zu begründen.

Methodologie

4

In diesem Kapitel wird ein Überblick über den Forschungsprozess gegeben. Dazu werden die Hintergründe für die Auswahl des forschungsmethodologischen Vorgehens dargelegt, die Wahl der GTM begründet sowie die Auswahl und Durchführung der Erhebungsinstrumente aufgezeigt. Zudem werden der Prozess der Datenanalyse transparent gemacht, die Gütekriterien der Forschung überprüft und der gesamte Forschungsprozess reflektiert.

4.1 Methodische Vorüberlegungen

Die Überlegungen, welche Forschungsmethode dieser Arbeit zugrunde liegt, ist in erster Linie an den Untersuchungsgegenstand der Nähe-Distanz-Thematik in der stationären Heimerziehung gebunden. Wie Kapitel 3 aufzeigt, handelt es sich bei der Fragestellung der Masterthesis um ein bislang noch relativ unerforschtes Feld, das sich deshalb methodologisch als eine qualitative Forschung anbietet.

> „Qualitative Methoden können verstehen helfen, was hinter wenig bekannten Phänomenen liegt. Sie können benutzt werden, um überraschende und neuartige Erkenntnisse über Dinge zu erlangen, über die schon eine Menge Wissen besteht" (*Strauss/Corbin* 1996, S. 5).

Qualitative Forschung orientiert sich an einer gegenstandsbezogenen Theorieentwicklung und setzt damit den Fokus auf die gewonnenen Daten und das

Ergänzende Information Die elektronische Version dieses Kapitels enthält Zusatzmaterial, auf das über folgenden Link zugegriffen werden kann https://doi.org/10.1007/978-3-658-36024-5_4.

L. Friedrichs und A. Waluga, *Die gedrosselte Beziehung,* Forschungsreihe der FH Münster, https://doi.org/10.1007/978-3-658-36024-5_4

Forschungsfeld (vgl. *Bennewitz* 2013, S. 46). Diese Forschungsperspektive eignet sich vor allem für den Mikrobereich sozialer Analysen und zielt darauf ab,
Lebenswelten und soziales Handeln im Alltag in unterschiedlichen Bereichen
zu untersuchen (vgl. *Reinders/Ditton* 2015, S. 54). Offenheit und Flexibilität
sind Hauptcharakteristika eines qualitativen Forschungsdesigns und ermöglichen
so die Erlangung explorativer Erkenntnisse über das Forschungsobjekt (vgl.
Lamnek/Krell 2016, S. 33 f.). Die Wahl einer qualitativen Forschung erscheint
uns angemessen, weil sie zum einen durch ein hohes Maß an Offenheit gegenüber dem Forschungsgegenstand und den Sichtweisen der befragten Personen
gekennzeichnet ist und zum anderen möglichst wenige Vorgaben für die Erhebung
macht (vgl. *Reinders/Ditton* 2015, S. 54). So wird die Vielfalt unterschiedlicher Verständnisweisen zur Thematik von Nähe und Distanz miteinbezogen. Als
methodologischer Zugang zu dieser Arbeit dient aufgrund der theorieintendieren-
den Forschungsabsicht der Forschungsstil der GTM in seiner Weiterentwicklung
nach *Strauss* und *Corbin* (1996). Die Methodologie eignet sich deshalb besonders als Rahmung, weil es an hinreichenden Theorien fehlt, die die Bedeutung
von Nähe und Distanz in der stationären Heimerziehung verdeutlichen. Zudem
wird die geforderte Offenheit und Flexibilität einer qualitativen Forschung durch
den Einsatz der GTM sichergestellt. Die Auswahl der offenen Forschungsfrage
erlaubt es uns, unvoreingenommen und ohne feste Kategorien oder Hypothesen
an das Untersuchungsfeld heranzugehen und eine gegenstandbezogene Theorie
abzuleiten. Dabei konzentrieren wir uns auf die Grundzüge der GTM, die im
nachfolgenden Kapitel zusammengefasst wiedergegeben wird.

4.2   Der Forschungsstil der Grounded Theory Methodologie

Die Grounded Theory Methodologie hat ihren Ursprung in den 1960er-Jahren. Sie
wurde von den US-amerikanischen Soziologen *Anselm Strauss* und *Barney Glaser*
entwickelt und wird in der Literatur auch als gegenstandsverankerte Theorie betitelt (vgl. *Strauss/Corbin* 1996, S. 7; *Breuer* et al. 2019, S. 7). Der Forschungsstil
der GTM ist theoretisch in der Chicago School, in der Philosophie des Pragmatis-
mus und im symbolischen Interaktionismus verankert (vgl. *Clarke* 2011, S. 208).
Seit 1990 ist sie eine der am häufigsten angewendeten qualitativen Forschungs-
ansätze und ist durch ihre Offenheit und einen engen Bezug zum erhobenen
Material (Gegenstandsbereich) gekennzeichnet (vgl. *Equit/Hohage* 2016, S. 9).
Die zentrale Aufgabe der GTM ist eine induktive, systematische und realitäts-
nahe Theorieentwicklung aus dem erhobenen Forschungsmaterial, um diese für

die Praxis nutzbar zu machen und damit die Theorie-Praxis-Problematik in den Sozialwissenschaften zu reduzieren (vgl. *Stangl* 2020, o. S.; *Strauss/Corbin* 1996, S. 8). Grundlegendes Erkenntnisinteresse der GTM ist das Entdecken zugrundeliegender Phänomene menschlichen Handelns im Alltag sichtbar zu machen. Diese Theorieentwicklung erfolgt anhand einer „regelbasierten (Interpretations-) Methodik" (*Breuer* et al. 2019, S. 8), dem sogenannten Kodieren. Kodieren wird in der Literatur als zentraler Prozess bezeichnet, in dem aus erhobenen Daten Theorien entwickelt werden. Dabei werden die Forschungsmaterialien aufgebrochen, konzeptualisiert, interpretiert und auf neue Art zusammengefasst, um daraus abstrakte bzw. theoretische Kodes/Konzepte[1] zu gewinnen (vgl. *Strauss/Corbin* 1996, S. 43; *Breuer* et al. 2019, S. 248). Kodes sind „(vorläufige) Abstraktions- und Benennungs-Ideen" (*Breuer* et al. 2019, S. 253), die in der Literatur auch als Phänomene beschrieben werden (vgl. *Aghamiri/Streck* 2016, S. 201). Die Kodes sollen so abstrakt formuliert sein, dass mehrere Tätigkeiten darunter gefasst werden können und zugleich so konkret, dass sie sich direkt aus dem Datenmaterial ergeben (vgl. ebd., S. 203). Es wird zwischen zwei Auswahlmöglichkeiten unterschieden, die Phänomene zu benennen. Zum einen können Begriffe gewählt werden, die durch wissenschaftliche Fachdiskussionen bedeutsam sind und explizit oder implizit an wissenschaftliche Diskurse anknüpfen. Zum anderen eignen sich Begriffe, die im Datenmaterial selbst auftauchen, sogenannte „In-Vivo-Codes" (vgl. ebd., S. 209). Aus einer größeren Anzahl von Kodes werden Kategorien abgeleitet, die im Laufe des Kodierprozesses durch das Zusammenfassen, Vergleichen, Fokussieren und Selektieren der Kodes gefunden und ausgearbeitet werden (vgl. *Breuer* et al. 2019, S. 253). Das induktive Kodierverfahren der GTM ist maßgeblich von *Strauss* entwickelt worden, der die Analyseschritte in einen Dreischritt gliedert. Er unterscheidet zwischen den Formen des offenen, axialen und selektiven Kodierens, auf die in den Abschnitten 4.8.2 bis 4.8.4 detailliert eingegangen wird (vgl. *Kergel* 2018, S. 113; *Strauss/Corbin* 1996, S. 43 ff.). In der Praxis gehen diese drei Kodierverfahren ineinander über und können nicht trennscharf voneinander abgrenzt werden (vgl. *Kergel* 2018, S. 113). Die Kategorisierung der Daten erfolgt im Verlauf des gesamten Forschungsprozesses. Das signalisiert, dass die Schritte der Datenanalyse (Datensammlung, Kodierung, Kategorienbildung, Hypothesen- und Theorienentwicklung) gleichzeitig ablaufen und sich wechselseitig bedingen (vgl. *Lamnek/Krell* 2016, S. 111). Durch die offene Auseinandersetzung mit

---

[1] Die Begriffe Kodes und Konzepte werden in der Literatur nicht klar voneinander getrennt, sondern gehen fließend ineinander über. Zwischen Kodes und Konzepten erfolgt keine Differenzierung, sie werden teilweise synonym verwendet (vgl. *Muckel* 2007, S. 217). Wir entschieden uns in der vorliegenden Ausarbeitung für die Verwendung des Kode-Begriffs.

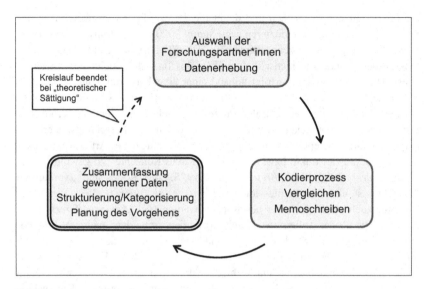

Abbildung 4.1   Regelkreis der Grounded Theory. (eigene Darstellung in Anlehnung an Bodendorf et al. 2010)

dem Datenmaterial und den daraus entwickelten Kategorien kann eine optimale Anpassung der Theorie an die soziale Wirklichkeit erfolgen, die direkt in den Daten verankert ist (vgl. ebd., S. 112 f.).

In Abbildung 4.1 ist der Regelkreis der Grounded Theory in Anlehnung an *Bodendorf* et al. (2010) skizziert, den wir erweitert und durch den Aspekt der „theoretischen Sättigung" ergänzen. Die theoretische Sättigung im Rahmen der GTM tritt dann ein, wenn das entwickelte Konzept so lange verdichtet wird, bis die Befragung weiterer homogener Forschungspartner*innen keinen neuen Erkenntnisgewinn mehr bringt. Ist dieser Zustand eingetroffen, wird die Datengenerierung und damit auch der Vergleichsmodus zwischen den Daten beendet (vgl. *Strübing* 2018, S. 40). Der Regelkreis stellt den zirkulären Prozess der GTM dar, bei dem sich Datenerhebung und Datenauswertung wechselseitig bedingen (vgl. *Truschkat* et al. 2011, S. 371), d. h. bei dem die Auswahl der Forschungspartner*innen und damit die Datenerhebung und der Kodier- bzw. der Auswertungsprozess stetig wiederholt werden. Zirkularität im Forschungsprozess betonen *Glaser* und *Strauss* als Basiskriterium dafür, eine Fülle an Eigenschaften zu generieren und Bezüge zwischen einzelnen Phänomenen herzustellen (vgl. *Glaser/Strauss* 1998, S. 57). Der permanente Vergleich wird so lange angestellt, bis der Zustand theoretischer Sättigung erreicht ist. Dieser beschriebene zirkuläre Prozess ist in der Abbildung 4.1 bildlich veranschaulicht.

Das nächste Kapitel beschreibt die theoretische Sensibilität, die neben der theoretischen Sättigung ein wesentliches Merkmal der GTM darstellt.

4.3 Theoretische Sensibilität

Theoretische Sensibilität bezieht sich auf eine elementare, persönliche Fähigkeit der Forschenden zur Arbeit mit der GTM. Sensibilität meint hier das Bewusstsein für Feinheiten im Datenmaterial, das einen wichtigen und kreativen Aspekt der Forschung ausmacht. Forschende müssen in der Lage sein, wichtige und unwichtige Aspekte aus Daten herauszulesen (vgl. *Strauss/Corbin* 1996, S. 25 ff.). Erst vor einem Deutungshintergrund aus der Literatur sowie persönlichen und beruflichen Erfahrungen kann eine gegenstandverankerte und gut integrierte Theorie generiert werden (vgl. ebd., S. 25; *Breuer* et al. 2019, S. 160). Zur Entwicklung theoretischer Sensibilität eignen sich unter anderem das Literaturstudium, eigene Erfahrungen im Untersuchungsfeld sowie kooperative Auseinandersetzungen mit dem Datenmaterial (vgl. *Breuer* et al. 2019, S. 162 f.).

Wir eigneten uns diese Qualifikationsvoraussetzungen theoretischer Sensibilität an, indem wir im Vorfeld bereits zahlreiche Fachliteratur studierten, Felderfahrungen durch Praktika sammelten sowie Feldmitglieder im privaten Umfeld und im Rahmen des Forschungsprojektes (*Friedrichs* et al. 2019) interviewten. Ferner bietet die Zusammenarbeit im Forschungsteam die Möglichkeit zu einem intensiven Austausch über gewonnenes Datenmaterial, erleichtert uns das Hin- und Herpendeln zwischen Datenbezug und analytischer Distanznahme (vgl. *Breuer* et al. 2019, S. 162f.) sowie die Suche nach alternativen Deutungsansätzen im Auswertungsprozess. Durch das Vergleichen von Reaktionen, Assoziationen und Sichtweisen wird uns ein Blick auf „blinde Flecken", Muster oder Selbstverständlichkeiten eröffnet (vgl. *Breuer* et al. 2011, S. 440). Der Vergleich „ermöglicht [uns] eine multiperspektivische Betrachtung von Phänomenen im Forschungsfeld und stellt die Grundlage einer systematischen Integration von Perspektiven mit Blick auf das interessierende Forschungsthema dar" (ebd.). Durch einen stetigen Reflexionsprozess während der Forschungsarbeiten und kritische Diskussionen über selbst aufgestellte Deutungsangebote erreichen wir größtmögliche Sensibilität im Umgang mit dem eigens erhobenen Datenmaterial.

Die theoretische Sensibilität der vorliegenden Forschung kann sichergestellt werden. Im folgenden Kapitel wird ein selektives Sample festgelegt, das den Forschungsgegenstand möglichst umfassend abbildet.

4.4 Theoretisches Sampling

Die Wahl des Samplings wird von der Fragestellung geleitet (vgl. *Strauss/Corbin* 1996, S. 151). Der Auswahl der Interviewpartner*innen kommt in der GTM eine zentrale Rolle zu. Dabei gibt es keine vorab festgelegte Stichprobe, wie es z. B. in quantitativen Forschungen der Fall ist. Vielmehr erfolgt die Generierung der Daten im Laufe des Forschungsprozesses (vgl. *Falkenberg* 2020, S. 87). Es werden Auswahlentscheidungen getroffen, die an den jeweiligen Stand der Erkenntnis- und Theorieentwicklung angepasst werden und somit zu einer absichtsvollen Fallauswahl führen (vgl. *Breuer* et al. 2019, S. 156). Die Entscheidungen, die nach dem Prinzip des theoretischen Samplings getroffen werden, beziehen sich auf beteiligte Personen(-gruppen), Institutionen, Ereignisse sowie Datenarten. Somit „bezieht sich [das theoretische Sampling auf] die Auswahl der Untersuchungseinheiten, sowohl bei der Datengewinnung wie bei der Datenanalyse" (ebd.).

Die Akquise des Samplings erfolgte im ersten Schritt durch die Recherche von Jugendhilfeträgern in Nordrhein-Westfalen. Nach ausgiebiger Internetrecherche und der Auflistung potenzieller Einrichtungen, welche als Forschungspartner*innen in Frage kamen, priorisierten wir Träger mit verschiedenen (Außen-)Wohngruppen, um nach Möglichkeit mehrere Fachkräfte gleicher Träger für unser Vorhaben zu akquirieren. Danach fragten wir diverse Wohngruppen an und warteten eine erste Resonanz ab. Uns war es ein besonderes Anliegen, Fachkräfte verschiedener Geschlechter für die Interviewdurchführung zu gewinnen. Zum einen, um geschlechtsspezifische Situationsinterpretationen möglichst ausgeglichen erforschen zu können und zum anderen, um verschiedene Perspektiven zu einzelnen Szenarien abzufragen. Für erste Kontaktaufnahmen wurde zunächst der E-Mail-Verkehr genutzt, in dem wir uns selbst und das Forschungsvorhaben vorstellten. Anschließend nahmen wir telefonisch Kontakt zu den Wohngruppen auf, die erstes Interesse bekundeten. Dabei wurde in Bezug zur E-Mail nochmals das Forschungsinteresse in einem persönlichen Gespräch verdeutlicht und ein Ausblick auf die zeitliche Planung der Durchführung der Interviews gegeben. Die meisten Wohngruppen erklärten sich nach dem Telefonat bereit, an unserem Forschungsvorhaben teilzunehmen. Dennoch lehnten einige Wohngruppen aufgrund mangelnder Kapazitäten die Teilnahme an der Forschung ab. Dabei wurden neben einer allgemeinen Überlastung, auch zeitliche sowie personelle Engpässe als Gründe der Absage beschrieben. Insgesamt erschien die positive Resonanz trotz der Corona-Krise recht hoch, sodass uns ausreichend Interviewpartner*innen zur Verfügung standen. Nach den ersten Zu- und Absagen haben wir einen groben Zeitplan für die Erhebungen entwickelt. Es fiel auf, dass die Anzahl der Interviewpersonen hinsichtlich der Träger ungleich gewichtet war. Während sich bereits drei Fachkräfte verschiedener Wohngruppen eines Trägers bereiterklärt hatten, lag uns nur eine Zusage des zweiten Trägers vor. Demzufolge wurden noch weitere Wohngruppen dieser Einrichtung telefonisch angefragt, sodass jeweils drei Forschungspartner*innen pro Träger zur Teilnahme gewonnen werden konnten. Parallel dazu befragten wir in unserem privaten Umfeld weitere potenzielle Interviewpartner*innen, die im Feld der Heimerziehung tätig sind. Davon nutzten wir einige Impressionen für die Entwicklung unserer Erhebungsinstrumente und knüpften weitere Kontakte, die wir bei Notwendigkeit weiterer Datenerhebung anfragen konnten. Diese Möglichkeit hielten wir offen, bis das erhobene Datenmaterial zur sogenannten theoretischen Sättigung (vgl. Abschn. 4.2; Abb. 4.1) im Forschungsprozess führte.

Wir haben uns für eine trägerübergreifende Betrachtung der Nähe-Distanz-Thematik entschieden. Das ist hilfreich, um Ergebnisse zu erzielen, die unabhängig von den Konzepten der beiden Träger betrachtet werden können. Dadurch wird eine Übertragung der Erkenntnisse auf das Feld der Heimerziehung möglich. So kann die Theorie entkoppelt von einer spezifischen Konzeption generiert, für das Tätigkeitsfeld anwendbar und im übertragenden Sinn für die Soziale Arbeit nutzbar gemacht werden. Aus diesem Grund wird an dieser Stelle auf die Beschreibung der konzeptionellen Besonderheiten der Träger verzichtet, weil diese zu keinem Zeitpunkt in die Auswertung einbezogen oder verglichen werden. Zur Veranschaulichung der Befragtengruppe unserer Forschung liefert die nachfolgende Tabelle (Tab. 4.1) einen Überblick über die Interviewpartner*innen. Hier wird eine geschlechtsspezifische Gewichtung, die Altersspanne der Befragten sowie die Dauer des Anstellungsverhältnisses in der Heimerziehung ersichtlich. Zudem sind die jeweiligen Durchschnittswerte angegeben, die für die Altersspanne und die Anstellungsverhältnisse ermittelt wurden.

Tabelle 4.1 Übersicht Forschungspartner*innen

Übersicht Forschungspartner*innen (Ø = Durchschnitt)	
Geschlecht (w/m/d)	weiblich: 4 männlich: 2 divers: 0
Altersspanne	26–40 Jahre Ø 31,8 Jahre
Dauer des Anstellungsverhältnisses (in der Heimerziehung)	3–13 Jahre Ø 8,5 Jahre

Nachdem das theoretische Sampling beschrieben wurde, wird im nächsten Abschnitt die Auswahl der Erhebungsinstrumente vorgenommen und mit Blick auf das Forschungsvorhaben begründet.

4.5   Erhebungsinstrumente

Die Auswahl von Erhebungsinstrumenten stellt im Forschungsprozess eine zentrale Entscheidung mit Blick auf den Erkenntnisgewinn dar. Dabei bietet das Methodenrepertoire der qualitativen Forschung zahlreiche Methoden, die jeweils eigene Logiken und Funktionen innehaben (vgl. *Friebertshäuser* et al. 2013, S. 379 f.). Die Wahl der Erhebungsform hängt eng mit den verschiedenen Erkenntnisinteressen zusammen, sodass diese gleichermaßen zum Forschungsgegenstand, als auch zur auserwählten Zielgruppe passen sollte. Um ein vielseitiges Verständnis vom Forschungsgegenstand zu erhalten, hat sich das Forschungsteam in diesem Fall für eine Methodentriangulation entschieden (vgl. *Flick* 2011, S. 11). Die Triangulation ermöglicht die Einnahme unterschiedlicher Perspektiven auf einen zu untersuchenden Gegenstand. „Diese Perspektiven können sich in unterschiedlichen Methoden, die angewandt werden, und/oder unterschiedlichen gewählten theoretischen Zugängen konkretisieren [...]" (ebd., S. 12). Die Verwendung unterschiedlicher methodischer Zugänge dient dabei der Verifizierung, Falsifizierung und/oder Erweiterung gewonnener Erkenntnisse im Forschungsprozess (vgl. *Friebertshäuser* et al. 2013, S. 379). Zur Datengenerierung ziehen wir die between-method Triangulation heran (*Flick* 2011, S. 15), in der das problemzentrierte Interview nach *Witzel* (1985) mit dem narrativen Interview nach *Schütze* (1977) unter dem Einsatz von Fallvignetten kombiniert wird. Die folgende Grafik (Abb. 4.2) veranschaulicht die ausgewählten qualitativen Erhebungsinstrumente, die mit Blick auf den Forschungsgegenstand herangezogen werden.

In den nächsten zwei Abschnitten werden die Interviewformen sowie der Einsatz von Fallvignetten theoretisch dargelegt und deren Relevanz mit Blick auf den Forschungsgegenstand herausgestellt.

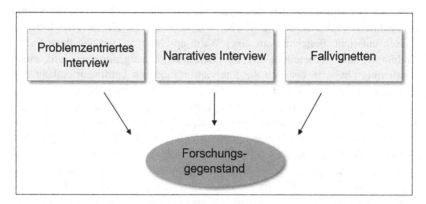

Abbildung 4.2 Methodentriangulation. (eigene Darstellung in Anlehnung an Flick 2011, S. 41)

4.5.1 Problemzentriertes Interview mit narrativen Gesprächsanteilen

Das problemzentrierte Interview orientiert sich an den Prinzipien der qualitativen Forschung. Es ist dem theoriegenerierenden Verfahren der GTM von *Glaser* und *Strauss* aus dem Jahr 1967 sowie dem Symbolischen Interaktionismus zuzurechnen. Erkenntnisziel der Methode ist die Abfrage subjektiven Erlebens Befragter zu gesellschaftlichen Problemen, die in alltäglichen Lebenslagen auftreten (vgl. *Reinders* 2015, S. 97). Grundprinzipien der Methode sind die Problemzentrierung, Gegenstandsorientierung und Prozessorientierung. Es wird eine Problemzentrierung vorgenommen, die im Wesentlichen objektiv durch die Forscher*innen selbst erarbeitet wird. Daran angeschlossen findet eine spezifische Gestaltung des Verfahrens statt, das dem konkreten Gegenstand anpasst wird (vgl. *Mayring* 2016, S. 68). Der Pro-zesscharakter wird dadurch deutlich, dass es

> „um die flexible Analyse des wissenschaftlichen Problemfeldes, eine schrittweise Gewinnung und Prüfung von Daten [geht], wobei Zusammenhang und Beschaffenheit der einzelnen Elemente sich erst langsam und in ständigem reflexiven Bezug auf die dabei verwandten Methoden herausschälen" (*Witzel* 1982, S. 72).

Ein weiteres, wichtiges Charakteristikum ist der sensible und akzeptierende Gesprächsstil auf Seiten der Interviewer*innen. Dieser soll zur Schaffung einer vertrauten Gesprächssituation beitragen, sodass Anregungen zu Erzählsequenzen gelingen (vgl. *Reinders* 2015, S. 97). Inhaltlich ist die Interviewform in Phasen unterteilt, bestehend aus einer Warm-up-Phase, in der eine thematische Einführung und Vorbereitung der Interviewsituation vorgenommen wird, einer Sondierungsphase, in der sich die Interviewer*innen an Leitfragen entlang des Erzählenden orientieren und einer Ad-hoc-Phase. In letzterer wird die Steuerung des Gesprächs anhand der noch unbeantworteten Leitfragen durch die Interviewer*innen vorgenommen (vgl. ebd.). Beim Einsatz problemzentrierter Interviews wird eine bestimmte Problemstellung in den Fokus der Erhebungen gerückt. Diese wird üblicherweise im Vorfeld analysiert, sodass zu bereits erforschten Aspekten konkrete Interviewleitfragen entwickelt werden können (vgl. *Mayring* 2016, S. 67). Im gesamten Interview geht es darum, die Erzählpartner*innen möglichst frei zu Wort kommen zu lassen, um sich einer offenen Gesprächsstruktur anzunähern (vgl. ebd.). „Ähnlich wie beim narrativen Interview steht beim problemzentrierten Interview das Erzählprinzip im Vordergrund" (*Kurz* et al. 2009, S. 465).

Das vom Soziologen Fritz Schütze entwickelte narrative Interview versteht sich als besondere Form des qualitativen Interviews (vgl. *Lamnek/Krell* 2016, S. 338). Dabei wird eine Interviewsituation geschaffen, in der Interviewpartner*innen dazu aufgefordert werden, Erlebnisse in „Stehgreiferzählungen" wiederzugeben (vgl. *Glinka* 2016, S. 11). Diese wenig standardisierte Methode erfordert keinerlei Vorbereitung seitens der Interviewten. Es geht nicht darum, standardisierte Fragen zu beantworten, sondern die Erzählpartner*innen zu freien Erzählungen zu animieren, ohne den Erzählfluss zu unterbrechen. Durch solche narrativen Gesprächsanteile können subjektive Bedeutungsstrukturen ausfindig gemacht werden (vgl. *Mayring* 2016, S. 72 f.). Das narrative Interview basiert auf der Idee, „die tatsächlichen Handlungsausführungen und die jeweils zugrunde liegenden Situationsinterpretationen der Individuen im alltäglichen Lebenszusammenhang" (*Bierisch* et al. 1978, S. 117) zu rekonstruieren. Narrative Gesprächsanteile sind in besonderer Weise geeignet, wenn das Thema der Untersuchung Handlungsbezüge aufweist und es sich bspw. um schwer erfragbare, subjektive Sinnstrukturen handelt (vgl. *Mayring* 2016, S. 74).

Das Thema „Nähe und Distanz" zeigt genau ein solches subjektives Spannungsfeld auf und begegnet den Fachkräften in ihrer tagtäglichen Arbeit. Dabei wird es als unausweichliche Aufgabe professionellen Handelns in sozialen und pädagogischen Feldern verstanden (vgl. *Dörr/Müller* 2019, S. 16). Da wir bereits Erkenntnisse durch ein Forschungsprojekt (s. Kap. 3) generieren konnten, dienen diese als Grundlage und eignen sich unseres Erachtens als Basis für den Einsatz eines problemzentrierten Interviewleitfadens in dieser vorliegenden Studie. Die studierte Literatur zeigt auf, dass die Thematik herausfordernd und von Unsicherheiten geprägt ist. Aus diesem Grund bedienen wir uns einer Methodentriangulation der dargestellten Interviewformen. Die erzählgenerierende Funktion des narrativen Interviews bietet sich daher zur Bearbeitung der offenen Forschungsfrage an, die dieser Ausarbeitung zugrunde liegt. Die Zuhilfenahme von Leitfragen der problemzentrierten Interviewmethodik dient der Erhaltung einer vertrauten Gesprächsatmosphäre. Unsicherheiten hinsichtlich des thematischen Schwerpunktes gilt es auf diese Art zu vermeiden. Die Anwendung von problemzentrierten Interviews mit narrativen Gesprächsanteilen ermöglicht es uns, eine möglichst offene Perspektive der Befragten zum Forschungsgegenstand einzuholen. Durch diese Art der Befragung werden die Erzählungen der Interviewten weder in eine bestimmte Richtung gelenkt noch eingeschränkt. In der Warm-up-Phase wird der Einstieg in die jeweilige Interviewsituation anhand einer berufsbiographisch orientierten Frage vorgenommen. Diese Frageart wird gewählt, um einen ersten narrativen Stimulus zu setzen, der bereits zur Methodik der Befragung passt, aber noch keine theoretische Relevanz aufweist (vgl. *Strauss/Corbin* 1996, S. 152). Daraufhin folgen in der Sondierungsphase sieben offene Fragen, die inhaltlich an die Thematik der Forschungsfrage angepasst sind und einen erzählgenerierenden Impuls bei den Interviewpartner*innen auslösen sollen. Abschließend werden in der Ad-hoc-Phase Unverständlichkeiten beseitigt und vereinzelt Nachfragen zu inhaltlichen Themen oder Ergänzungen seitens der Interviewten gestellt (s. Anhang im elektronischen Zusatzmaterial auf S. 112).

4.5.2 Einsatz von Fallvignetten

Der Einsatz von Fallvignetten eignet sich in vielerlei Hinsicht, egal ob sie als alleiniges oder mit anderen Methoden kombiniertes Erhebungsinstrument genutzt werden (vgl. *Paseka/Hinzke* 2014, S. 47). In psychologischen und medizinischen Kontexten werden die sogenannten Vignetten als exemplarische Fallverläufe verstanden, die als Lehr- und Anschauungsmaterial dienen können. In der empirischen Sozialforschung sind solche Falldarstellungen nützlich, um Stimuli in Befragungssituationen zu setzen. Dazu werden den Befragten kurze Textpassagen vorgelegt, die ein Fallgeschehen beschreiben. Anschließend erfolgt die Aufforderung, eine Beurteilung der dargestellten Situation vorzunehmen und ggf. angemessene Handlungsweisen zu nennen und zu begründen (vgl. *Schnurr* 2003, S. 393). In Abhängigkeit vom Forschungsziel gibt es verschiedene Varianten für den Einsatz von Fallvignetten. Sie dienen bspw. der Erfassung von Einstellungen, Überzeugungen und heikler Forschungsgegenstände (vgl. *Paseka/Hinzke* 2014, S. 47). Ihr Einsatz erfolgt, wenn Zusammenhänge zwischen zwei Merkmalen oder Wahrnehmungsmustern bzw. Beurteilungen ermittelt werden (vgl. *Schnurr* 2003, S. 393). Fallvignetten können Dilemmata enthalten und geben Aufschluss über die Gedanken der Interviewten. Dadurch wird ein Praxisbezug hergestellt, in dem individuelle Handlungsoptionen sowie Begründungen abfragt werden (vgl. *Paseka/Hinzke* 2014, S. 47).

Die von uns entwickelten acht Fallvignetten (s. Anhang im elektronischen Zusatz-material auf S. 115f.), haben wir flexibel in den einzelnen Interviews angewendet. Um diese möglichst alltags- und praxisnah zu gestalten, orientierten wir uns bei der Entwicklung an der Auswertung und den Transkriptionen unseres damaligen For-schungsprojekts (*Friedrichs* et al. 2019) und an den Aussagen von Fachkräften der Heimerziehung aus dem privaten Umfeld. Dabei konnten Ideen und Inspirationen gesammelt werden, die wir als Grundlage für die Verschriftlichung der Fallvignet-ten genutzt haben. Inhalt der einzelnen Fallvignetten sind unterschiedliche alltägliche Situationen aus dem stationären Wohngruppenalltag, die verschiedene Themenbe-reiche fokussieren. Oftmals weisen die Fallbeschreibungen Dilemmasituationen auf, die u. a. das Spannungsfeld von Nähe und Distanz, persönliche Grenzen hinsicht-lich der Thematik oder auch den Umgang in bestimmten Situationen betreffen. Sie wurden als Stimulus für die Befragung eingesetzt. Ein Beispiel unserer verwendeten Fallvignetten, lautet wie folgt:

Sie hatten in der letzten Zeit häufiger Auseinandersetzungen mit Steven (11), in denen er Sie häufiger angelogen hat und Ihnen gegenüber übergrif-fig geworden ist. Sobald Steven Körperkontakt (Umarmungen) einfordert merken Sie, dass sie diese im Augenblick nicht zulassen können.

Nach der Entwicklung und Begründung der Erhebungsinstrumente erfolgt die Durchführung der Interviews im Forschungsprozess. Dieser Vorgang wird im nächsten Kapitel beschrieben.

4.6   Interviewdurchführung

Zu Beginn der Erhebungen führen wir einen Pretest durch. In der empirischen Sozialforschung werden Pretests zu Beginn der Datenerhebung eingesetzt, um das Erhebungsinstrument zu optimieren (vgl. *Weichbold* 2019, S. 349). Es han-delt sich also um ein Verfahren zur Qualitätskontrolle und -sicherung, wodurch hilfreiche Veränderungen am Erhebungsinstrument hervorgerufen werden können (vgl. ebd., S. 349 ff.).

Bevor das erste Interview geführt wurde, hielten wir Rücksprache mit einer Fachkraft der Heimerziehung aus unserem privaten Umfeld, die nicht Teil unseres Forschungsvorhabens ist. Wir legten ihr die Interviewfragen/-impulse sowie die Fallvignetten vor und ließen sie Stellung dazu beziehen, um eventuelle Verständnisprobleme zu identifizieren. Daraufhin nahmen wir kleine inhaltliche Änderungen vor. Zudem nutzen wir das erste Interview (FK 1) als Pretest. Dafür holten wir uns im Anschluss an die Erhebung eine detaillierte Rückmeldung zum Leitfaden und zu den Fallvignetten ein. Durch das durchweg positive Feedback wurde der Leitfaden als geeignet eingestuft und das erste Interview aufgrund des gelungenen Gesprächsverlaufs bereits zur Datenanalyse herangezogen.

Insgesamt erfolgte die Durchführung der sechs Interviews auf unterschiedliche Art und Weise. Bei der Auswahl des Gesprächssettings wurde jeweils dem Wunsch der Interviewpartner*in nachgegangen. Aufgrund der Umstände durch Covid-19 haben wir den Forschungspartner*innen die Möglichkeit geboten, kontaktlos über die Videokonferenzplattform Zoom oder per Telefonkonferenz in den Austausch zu gehen. Bei der Möglichkeit zur persönlichen Interviewdurchführung wurde auf die Einhaltung der Hygienevorschriften hingewiesen. Insgesamt wurden vier persönliche Befragungen vorschriftsmäßig durchgeführt. Drei davon fanden jeweils in separaten Besprechungsräumen der Einrichtungen statt. Für das vierte Interview organisierten wir eine Räumlichkeit in der Fachhochschule in Münster. In allen Gesprächssettings konnte ein ausreichender Mindestabstand eingehalten werden. Ein weiteres Gespräch wurde in Form eines Zoom-Meetings und eines in Form einer Telefonkonferenz durchgeführt. Fast alle Erhebungen fanden während der Arbeitszeit der Befragten statt. So konnte ein direkter Bezug zum Arbeitsalltag geschaffen werden, der die Darstellung konkreter Situationen rund um die Thematik erleichtern sollte. Zudem wirkte sich das positiv auf die Bereitschaft zur Teilnahme aus, weil die Forschungspartner*innen keine Freizeitkapazität einbüßen mussten. Im Vergleich der unterschiedlichen Befragungssettings ist schnell klar geworden, dass Gestik und Mimik der Beteiligten in den persönlichen Gesprächen einen hohen Stellenwert hatten, um die Erzählphasen zu begleiten. Durch aktives Zuhören, eine offene Haltung und Augenkontakt konnten Gesprächspausen besser eingeschätzt und überbrückt werden. Dies wirkte sich nach unseren Einschätzungen gesprächsfördernd auf die Interviewten aus. Dieser Vergleich wurde besonders im telefonischen Kontakt deutlich, da es hier nicht möglich war, die Gestiken der Befragten zu deuten und zu berücksichtigen. Das nahm Einfluss auf den Gesprächsverlauf, sodass wesentlich kürzere narrative Gesprächsanteile zustande kamen. In Folge dessen bevorzugten wir die Durchführung persönlicher Interviews.

Zu Beginn der Befragungen wurden organisatorische Aspekte besprochen und den Interviewpartner*innen das Vorgehen erläutert. Genaue Inhalte des Interviewleitfadens wurden jedoch nicht kommuniziert, um eine möglichst spontane Beantwortung der Fragen zu gewährleisten. Allen Befragten händigten wir ein Datenblatt aus, in dem das Geschlecht, Alter, Berufserfahrungen und die jeweilige Einrichtungsstruktur abgefragt wurden. Dadurch konnten wir einen Überblick über die Gruppe der Befragten (s. Tab. 4.1, S. 31) gewinnen und diesen in die Auswertung und Darstellung einbeziehen. Die Kapazität der Wohngruppen variiert zwischen sechs und acht Plätzen für Kinder und Jugendliche. Zum Zeitpunkt der Befragungen waren alle Plätze belegt und die darin lebenden jungen Menschen zwischen 7 und 20 Jahre alt. Die vollständigen Datenblätter der einzelnen Forschungspartner*innen sowie eine Übersicht sind beigefügt (s. Anhang im elektronischen Zusatzmaterial auf S. 146ff.). Weiterhin holten wir uns das Einverständnis der Befragten zur digitalen Aufzeichnung der Interviews ein und klärten sie über den datenschutzrechtlichen Umgang mit den erhobenen Materialien auf. Durch die Verwendung einer Methodentriangulation strukturierten wir die Interviewdurchführung in zwei Phasen. In der ersten Phase wurden den einzelnen Fachkräften die im Vorfeld ausgearbeiteten Interviewfragen gestellt (Abschn. 4.5.1). Die zweite Phase strukturierten wir über den Einsatz von Fallvignetten (Abschn. 4.5.2). Wir zogen die Nutzung von Textvignetten vor, die den Befragten in schriftlicher Form vorgelegt wurden. In den persönlichen Gesprächen haben die Fachkräfte ausgedruckte Exemplare der einzelnen Fallvignetten erhalten. In den beiden Interviews, die in Form einer Video- oder Telefonkonferenz stattfanden, haben wir den Gesprächspartner*innen die Fallbeispiele unmittelbar vor Beginn der Erhebung per Mail zugesandt. Insgesamt erhielten die Interviewpartner*innen in der jeweiligen Interviewsituation drei bis vier Fallvignetten mit der Bitte, Stellung zu beziehen. Die Auswahl für die einzelnen Interviews gestaltete sich flexibel, obwohl die Fallvignetten, welche vermehrt narrative Erzählungen der Fachkräfte in den ersten Erhebungen anregten, wiederholt genutzt wurden. Im gesamten Forschungsprozess waren wir offen für Abweichungen. Dies hatte zur Folge, dass wir den Interviewleitfaden mehrmals angepasst haben, sodass ein wesentliches Merkmal der Offenheit in der GTM sichergestellt werden konnte. Teilweise veränderten wir den Leitfaden zum besseren Verständnis für die Befragten, in anderen Fällen aber auch zur Erweiterung des Erhebungsspektrums. Hierfür wurden Fragen teilweise umformuliert oder alternative Gesprächsimpulse gesetzt. Für das fünfte und sechste Interview strichen wir Fragen aus dem Leitfaden. Zum einen, weil schon ausreichend Informationen und Daten generiert werden konnten und zum anderen, weil die Fragen bereits mit den einzelnen Fallvignetten beantwortet wurden oder es deutliche inhaltliche Überschneidungen gab. Diese Eindrücke bestätigten sich nach der Durchführung der letzten zwei Interviews und sorgen für den Zustand theoretischer Sättigung (vgl. Abschn. 4.2; Abb. 4.1). Weil weitere Erhebungen mit einer homogenen Befragtengruppe unserer Einschätzung nach keinen zusätzlichen Erkenntnisgewinn gebracht hätte, wurde die Datenerhebung nach Beendigung des sechsten Interviews eingestellt. Die drei verwendeten Versionen des Interviewleitfadens sind dem Anhang im elektronischen Zusatzmaterial beigefügt. In diesen werden alle im Forschungsprozess vorgenommenen Veränderungen ersichtlich (s. Anhang im elektronischen Zusatzmaterial auf S. 112ff.).

Nachdem die Interviewdurchführung abgeschlossen ist, bedarf es einer Transkription zur weiteren Bearbeitung des Datenmaterials. Dieser Prozess wird im folgenden Abschnitt beschrieben.

4.7 Transkription

Die Grundlage für die Auswertung und die Analyse der Interviews stellt die Transkription dar (vgl. *Lamnek/Krell* 2016, S. 379). Transkription meint die „Verschriftlichung verbaler Daten in der qualitativen Sozialforschung" (*Höld* 2009, S. 657). Ziel der Transkription ist die Herstellung eines dauerhaft verfügbaren Protokolls, welches den Gesprächsverlauf möglichst wirklichkeitsgetreu wiedergibt (vgl. *Mayring* 2002, S. 89). Es existieren unterschiedliche Transkriptionssysteme, die abhängig von dem Forschungsziel eingesetzt werden. Da in der vorliegenden Arbeit der Inhalt der Interviews im Vordergrund steht, wird die wörtliche Transkription verwendet, wobei Sprache und Interpunktion geglättet werden. Diese Form der Verschriftlichung stellt die Basis für ausführliche Interpretationen dar und bietet die Gelegenheit, einzelne Aussagen in ihrem Kontext zu verstehen (vgl. *Mayring* 2016, S. 83).

Die wörtliche Transkription der Aufzeichnungen erfolgte noch am Tag des jeweiligen Gesprächs. Wir, als Forschungsteam, nutzen eine kommentierte Transkription, sodass wichtige Informationen über das Protokoll hinaus festgehalten werden können (vgl. *Mayring* 2016, S. 94). In der vorliegenden Arbeit haben wir uns für folgende, kommentierte Transkriptionsweise entschieden, die in allen sechs Fällen einheitlich verwendet wird (Tab 4.2):

Tabelle 4.2 Legende für die Transkripte

Interviewerin	I
Fachkraft	FK
Kurze Pause	(…)
Lange Pause	(Pause)
Pausenfüller, Aussagen bejahen	Mhm (bejahend)
Pausenfüller	Ehm
Lachen	(lachen)
Beginn/Ende einer Überlappung der Rede	//
Anonymisierung von Einrichtungen/Orten	XY
Beginn wörtlicher Rede	»
Ende wörtlicher Rede	«

Die Aussagen verschiedener Gesprächspartner*innen werden anhand separater Absätze abgegrenzt und ihre Namen durch die Abkürzungen FK 1 bis FK 6 anonymisiert. Nach fertiger Transkription wird das Ergebnis erneut mit den Aufzeichnungen verglichen, ggf. auf Wunsch der Befragten gegengelesen und anschließend von der jeweils anderen Forschungspartnerin überprüft. Damit werden die Transkriptionsleitlinien verfolgt und die Konformität mit den Aufzeichnungen sichergestellt (vgl. *Lamnek/Krell* 2016, S. 380).

Die Datenanalyse der einzelnen Interviewtranskripte (s. Anhang im elektronischen Zusatzmaterial auf S. 117 ff.) erfolgt mithilfe der Software MAXQDA 2018. Im folgenden Abschnitt wird das Programm zunächst kurz vorgestellt und anschließend der Anwendungsprozess beschrieben.

4.8   Datenanalyse

Die Software MAXQDA zählt zu den Programmen, die häufig zur Datenauswertung in der empirischen Sozialforschung verwendet werden und erleichtert die Arbeit in den verschiedenen Analyseschritten (vgl. *Rädiker/Kuckartz* 2019, S. 2 ff.).

„Eine zentrale Funktionalität […] ist die Möglichkeit mit Codes (Kategorien) zu arbeiten und ausgewählten Teilen der Daten – seien es nun Wörter oder Passagen eines Textes, Ausschnitte eines Bildes oder Szenen eines Videos – Codes zuzuordnen" (ebd., S. 5).

Diese Art der computergestützten Analyse ermöglicht den Forschenden eine gleichzeitige Verwaltung aller erhobenen Interviewmaterialien und die Konstruktion von Kategoriensystemen. Dabei können Kodes jeweils ausgewählten Textabschnitten zugeordnet und mit schriftlichen Anmerkungen bzw. Ideen versehen werden (vgl. *Gläser-Zikuda* 2015, S. 128). Der Einsatz einer Software bei der Analyse qualitativer Daten steigert die Qualität der Auswertung (vgl. *Weber/Zimmermann* 2016, S. 462), weil im gesamten Prozess Beziehungen zwischen den einzelnen Gedankensträngen hergestellt werden können, die Rekonstruktionen ermöglichen (vgl. *Gläser-Zikuda* 2015, S. 128).

Wir nutzen das Programm MAXQDA in erster Linie zur Unterstützung unseres Analyseprozesses und damit zur Verwaltung der generierten Daten und Transkripte, sodass eine Strukturierung und transparente Ableitung eines Kategoriensystems möglich sind. Der Import unserer transkribierten Daten in die Software erfolgte reibungslos und ermöglicht uns, jederzeit alle sechs Interviews parallel zu bearbeiten.

Durch MAXQDA haben wir die Möglichkeit, den zu kodierenden Kontext flexibel zu bestimmen. Verschiedene Textsegmente aus dem Datenmaterial werden dabei von uns mit Kodes versehen. Hier kodieren wir sowohl einzelne Wörter, ganze Sätze sowie Absätze der einzelnen Interviewtranskripte. Je länger und intensiver wir mit dem Datenmaterial arbeiten, desto mehr Kodes entstehen und desto mehr Kodierungen werden im Material vorgenommen. Durch den flexiblen Zugriff auf das Textmaterial stehen Kodes, Kategorien und Textpassagen in permanentem Zusammenhang, sodass ein zirkulärer Prozess (vgl. Abb. 4.1, S. 28) für die Datenanalyse ermöglicht wird.

Die Software MAXQDA wird im Forschungsprozess dazu genutzt, um Notizen, Anmerkungen und Gedanken in Form von Memos an beliebigen Stellen im Datenmaterial festzuhalten. Die Entwicklung von Memos sowie auch das Forschungstagebuch werden im Abschnitt 4.8.1 beschrieben.

4.8.1 Forschungstagebuch und Memos

Das Forschungstagebuch ist ein Werkzeug, das während des Forschungsprozesses dazu dient, Resonanzen zur Thematik, dem Forschungsfeld und Personen dokumentarisch festzuhalten. Es gilt als fester Bestandteil des GTM-Forschungsstils (vgl. *Breuer* et al. 2019, S. 170). Inhaltlich ist dem sogenannten Tagebuchschreiben keine Grenze gesetzt. Hier können alle Abläufe und Erlebnisse persönlich und privat mit dem entsprechenden Datum versehen niedergeschrieben werden. Zentrale Funktionen des Forschungstagebuchs sind die Arbeitsprozessdokumentation, die ein Anhalt für kontinuierliches Arbeit darstellen kann und der Erinnerungsspeicher, der eine Chronik des Prozesses darstellt und die Reflexion erleichtert (vgl. ebd., S. 171 ff.).

In engem Zusammenhang dazu steht das Memoschreiben. Dies kann einerseits ein Bestandteil des Forschungstagebuchs sein, aber auch ergänzend dazu genutzt werden (vgl. ebd., S. 173). Memos sind schriftliche Analyseprotokolle, die sich bei Anwendung der GTM zur Ausarbeitung einer Theorie eignen (vgl. *Strauss/Corbin* 1996, S. 169). Das memoförmige Darstellen von Ideen, Konzepten und Theorieentwürfen versteht sich als zentraler Baustein und wird als unabdingbar für einen gelingenden Forschungsprozess erachtet (vgl. *Breuer* et al. 2019, S. 175). Konkret werden dabei bruchstückhafte Gedankensplitter und erste Überlegungen zu Kodes und Kategoriensystemen notiert, welche immer wieder sortiert und fortgeschrieben werden. Inhaltlich ist dem Memoschreiben keine Grenze gesetzt. Es werden Eindrücke zur Themenfindung über das subjektive Erleben bis hin zu Deutungsperspektiven fokussiert. Erst über diesen Prozess hinweg können konzeptuelle Ideen entworfen und konkretisiert werden (vgl. ebd.,

S. 175 ff.). Diese schriftliche Form des abstrakten Denkens erstreckt sich also über den gesamten Forschungsprozess hinweg, während Komplexität, Dichte und Genauigkeit der Memos im Analyseprozess zunehmen. Memos helfen den Forschenden dabei, ihre Kreativität frei auszuleben, indem sie Ideen ungeordnet und anonym niederschreiben können (vgl. *Strauss/Corbin* 1996, S. 170 ff.).

Wir haben uns dazu entschieden, sowohl ein Forschungstagebuch als auch Memos anzufertigen. Das Forschungstagebuch nutzen wir zur Arbeitsprozessdokumentation, um einerseits einen motivierenden Anreiz zu schaffen, aber auch Transparenz in den Prozess zu bringen. Diese ermöglicht die Bilanzierung des Vorhabens, macht Fehlerquellen sichtbar und kann bei der Berichterstattung unterstützen. Das Memoschreiben wird gesondert davon vorgenommen, um lose Gedankensplitter zu Prozess und Datenmaterial zu dokumentieren. Ergänzend dazu werden unsere persönlichen Befindlichkeiten im Forschungsprozess festgehalten. Wir nutzen unsere geschriebenen Memos als Datenbank von Ideen zur Entwicklung von Kodes und Kategoriensystemen. Einen Einblick in den Prozess des Memoschreibens liefert das Dokument im Anhang im elektronischen Zusatzmaterial auf Seite 153. Hier sind drei Memos zu unterschiedlichen Brainstorming-Prozessen visualisiert, die im Forschungsprozess schriftlich notiert wurden. Auf der Suche nach der Bedeutung von Nähe und Distanz nutzen wir das Memoschreiben als Notizzettel, um unsere losen Gedankensplitter festzuhalten (s. Anhang im elektronischen Zusatzmaterial auf S. 153, Memo vom 15/08/20). Hier kam es zu einem Diskurs zwischen uns Forscherinnen, in dem wir uns gegenseitig dazu befragten, welchen Stellenwert Nähe bzw. Distanz für die Kinder und Jugendlichen im Heim aber auch für die Fachkräfte einnimmt. Die Ideen sammelten wir und schauten in regelmäßigen zeitlichen Abständen erneut auf die geschriebenen Memos, um eine passende Definition der beiden Begriffe entlang des Datenmaterials sicherzustellen. Ähnlich sind wir vorgegangen, als uns im Prozess der Datenerhebung auffiel, dass Zeit eine Rolle im Umgang mit Nähe und Distanz spielt. Immer dann, wenn uns die Zeitmetapher erneut begegnete, notierten wir den konkreten situativen Zusammenhang in Form eines Memos (s. Anhang im elektronischen Zusatzmaterial auf S. 153, Memo vom 28/07/20). Durch das Memoschreiben gelingt es uns, Metaphern für erkannte Phänomene zu entwickeln. Immer dann, wenn uns ein Bild bei der Analyse einer Interviewpassage inspiriert, nutzen wir Memos zur Dokumentation. Aus dem Zusammenschluss mehrerer Assoziationen können wir in den meisten Fällen Metaphern bzw. bildhafte Darstellungen entwickeln (s. Anhang im elektronischen Zusatzmaterial auf S. 153, Memo vom 21/08/20).

Um das Datenmaterial entsprechend des Erkenntnisinteresses auswerten zu können, werden verschiedene Kodierverfahren verwendet: das offene, axiale und selektive Kodieren. Dieser Prozess wird in den nachfolgenden Abschnitten 4.8.2 bis 4.8.4 veranschaulicht.

4.8.2 Offenes Kodieren

Das offene Kodieren ist der Einstieg in die Auseinandersetzung mit den Daten. Dieser Kodierschritt ist für die GTM von wesentlicher Bedeutung, weil hier eine offene Perspektive im Hinblick auf das Datenmaterial eingenommen wird und so theoretische Sensibilität realisiert werden kann (vgl. *Kergel* 2018, S. 115). In diesem Analyseschritt kommt der Benennung und Kategorisierung der Phänomene besondere Aufmerksamkeit zu. Im Prozess des offenen Kodierens werden die erhobenen Forschungsdaten in einzelne Teile aufgebrochen, einer umfassenden Untersuchung unterzogen und auf Ähnlichkeiten und Unterschiede hin verglichen. Es werden zudem erste Kategorien gebildet (vgl. *Strauss/Corbin* 1996, S. 44).

Zunächst verschaffen wir uns einen möglichst umfassenden Überblick über das vorliegende Datenmaterial, um dieses anschließend zu kodieren. Für den Kodierprozess nutzen wir, wie bereits im Abschnitt 4.8 beschrieben, die Software MAXQDA 2018. Das offene Kodieren zielt darauf ab, möglichst viele Kodes und Kategorien zu bilden, um viele Aspekte eines Phänomens zu erfassen und die Analyse nicht zu früh einzugrenzen. Demnach wird das Datenmaterial zunächst in kleinen Schritten analysiert und jedes Interview von uns einzeln am Transkript Zeile-für-Zeile durchgearbeitet und offen kodiert (vgl. *Strauss/Corbin* 1996, S. 56). Bei der Kodierung der Daten achten wir darauf, dass sich die Formulierungen der Kodes am Datenmaterial und gleichzeitig an den Äußerungen der Interviewpartner*innen orientieren, um auch bildhafte In-Vivo-Kodes zu übernehmen. Um das Datenmaterial möglichst vollständig zu erfassen, werden einzelne Wörter, Sätze oder Textabschnitte heraus-gegriffen, die uns thematisch relevant erscheinen und den Forschungsgegenstand identifizieren.

Die nachfolgende Tabelle (Tab. 4.3, S. 44) veranschaulicht den Prozess des offenen Kodierens, indem jeweils in der linken Spalte eine Textpassage aus den Interviews mit FK 1, FK 2 und FK 6 abgebildet ist und in der rechten Spalte die zugeordnete Kode-Bezeichnung ersichtlich wird. Dem Zitat 1 (FK 6, Abs. 17) ordnen wir den Kode *vollständige Bedürfnisbefriedigung im Heim nicht möglich* zu und verwenden die Begrifflichkeit als Kodierung der Textstelle. Bei dem Zitat 2 (FK 1, Abs. 7) entscheiden wir uns für einen In-Vivo-Kode. Die Bezeichnung *In-Sprache-Bringen* nutzen wir für die Textpassage und wählen sie direkt aus dem Datenmaterial als Kodebezeichnung. Teilweise kodieren wir Sätze oder Textausschnitte auch mehrfach, wenn sich unterschiedliche Sinneinheiten finden lassen wie bei Zitat 3 (FK 2, Abs. 12). Hier verwenden wir Bezeichnungen, die wir selbst formulieren und die sich an alltagssprachlichen Begrifflichkeiten oder bereits bestehenden Theorien orientieren.

Tabelle 4.3 Beispielhafte Darstellung kodierter Interviewpassagen

	Textpassage	Kode/In-Vivo-Kode
1	*„Das ist das große Manko, was wir in der Jugendhilfe haben eigentlich, ne. So ein Stück weit da zu sein, aber zu merken, diese Nähe, die sie brauchen die Kinder, kann man nicht hundertprozentig geben"* (FK 6, Abs. 17)	Vollständige Bedürfnisbefriedigung im Heimsetting nicht möglich
2	*„Also das Kind ins Bett zu bringen, zu gucken wie nah darf ich ran gehen, wo darf ich sitzen. Ja, Beziehung würde ich sagen, vorsichtig, langsam, kleinschrittig, ehm sehr transparent. Also vieles in Sprache bringen.»Ich setze mich jetzt mal dahin aus dem und dem Grund. Ist das und das für dich okay? Darf ich überhaupt reinkommen? Anklopfen«"* (FK 1, Abs. 7)	„In-Sprache-Bringen"
3	*„Nähe ist ehm unglaublich wichtig für die Arbeit, ehm weil sowohl körperliche als auch ehm psychische oder seelische Nähe zu zu gestalten, das anzubieten ehm weil das vieles ist, was den Klienten immens gefehlt hat in der Vergangenheit. Das ist etwas, worauf sie sehr sehr pochen, was sie sehr brauchen, was sie auch gerne einfordern. Ehm da kommt dann immer eigentlich direkt auch die Distanz ins Spiel"* (FK 2, Abs. 12)	Nähe als Grundbedürfnis Nähebedürfnis von Erfahrungen geprägt Korrigierende Beziehungserfahrungen

Zu den einzelnen Textausschnitten der sechs transkribierten Interviews werden von uns bereits während des Kodierens Assoziationen und Ideen in Form von Memos (Abschnitt 4.8.1) gesammelt, um erste Eindrücke und Gedanken zu erfassen. So können Beschreibungen zu den einzelnen Kodes und graphische Veranschaulichungen von Kategorien festgehalten werden. Beim Kodieren versuchen wir, aussagekräftige Begriffe für die Kodierung zu wählen, sodass auch andere, ähnliche Phänomene im Datenmaterial darunter gefasst werden können. Beispielsweise finden wir für den Kode *Professionalität schränkt Beziehung ein* weitere Kodes, die inhaltliche Zusammenhänge aufweisen. Dazu zählen u. a. *Distanz stört Beziehung, Distanzverlust problematisch, vollständige Bedürfnisbefriedigung im Heimsetting nicht möglich* oder auch *Professionalität schränkt Beziehung ein*. Dieser Prozess wird erreicht, indem Aussagen aus dem Datenmaterial hinterfragt und Vergleiche gezogen werden. Wir setzen uns mit folgenden Fragen für die Entwicklung der Kodes und Kategorien auseinander:

- Worum geht es in dem Transkript?
- Welche Aspekte werden angesprochen und betont?
- Woran erinnert mich das?
- Was passiert hier eigentlich?
- Welche Strategien werden von den Fachkräften genannt?
- Welche Begründungen werden von den Fachkräften genannt?

Die Fragen nutzen wir, um einzelne Phänomene im Material ausfindig zu machen. Dabei wird, wie in den Ausführungen unter 4.8.2 beschrieben, der Prozess des offenen Kodierens verwendet. Bei der Kodierung von zunächst einem Interview werden erste grobe Kodegruppen ausfindig gemacht. Nachdem das zweite Interview geführt und transkribiert wurde, wird auch dieses kodiert und zunächst getrennt von dem ersten betrachtet und analysiert. Schnell kommt uns die Einsicht, dass wir bei der Vergabe der Kode-Bezeichnungen nicht ausreichend übertragend denken, weshalb wir uns dafür entscheiden, die Kode-Bezeichnungen zum einen aus der Nähe zum Datenmaterial und zum anderen aus übertragenden Interpretationen zu wählen. Darauf folgten weitere Interviews, die offen kodiert werden. Durch das wiederholte Lesen der Interviews und den Rückbezug auf die Forschungsfrage, können die Kodes immer weiter verdichtet und konzeptualisiert werden, sodass erste Ähnlichkeiten und Verbindungen zwischen den Befragungen deutlich werden. Zum Abschluss des offenen Kodierens haben wir eine Liste an Kodes erstellt (s. Anhang im elektronischen Zusatzmaterial auf S. 154). Darin werden inhaltlich ähnliche Kodes zusammengefasst und der Versuch vorgenommen, erste vorläufige Kategorien zu entwickeln.

Im nächsten Schritt, dem axialen Kodieren, werden die vorläufig entwickelten Kategorien verfeinert und systematisiert.

4.8.3 Axiales Kodieren

Der zweite Kodierschritt wird als axiales Kodieren bezeichnet. Hier werden die Daten nach Abschluss des offenen Kodierens durch das Erstellen von Verbindungen zwischen den Kategorien neu zusammengesetzt und in ein Verhältnis zueinander gebracht (vgl. *Strauss/Corbin* 1996, S. 75). In diesem Schritt nehmen die Interpretationen der Kodes und die Suche nach Zusammenhängen von einzelnen Kategorien viel Raum ein (vgl. *Kergel* 2018, S. 119). Die Ermittlung von Verbindungen zwischen einer Kategorie und ihren Subkategorien wird durch den Einsatz eines Kodierparadigmas erreicht (vgl. *Strauss/Corbin* 1996, S. 75 f.).

„[Beim axialen Kodieren liegt der Fokus darauf] eine Kategorie (Phänomen) in Bezug auf die *Bedingungen* zu spezifizieren, die das Phänomen verursachen; den *Kontext* […], in den das Phänomen eingebettet ist; die *Handlungs- und interaktionalen* Strategien, durch die es bewältigt, mit ihm umgegangen oder durch die es ausgeführt wird; und die *Konsequenzen* dieser Strategien" (ebd., S. 76).

Die Phase des axialen Kodierens beschäftigt sich demnach mit der Entwicklung von einzelnen Kategorien. Obwohl das offene und das axiale Kodieren getrennte analytische Verfahren sind, wird während des Kodierprozesses zwischen beiden Modi hin und her gependelt.

Im Prozess des axialen Kodierens spezifizieren wir die Kodes und Kategorien zunächst und versuchen sie in Beziehung zueinander zu setzen. Den Prozess setzen wir in Anlehnung an das zuvor beschriebene Kodierparadigma um (vgl. *Strauss/Corbin* 1996, S. 75). Dabei entwickeln wir Systematiken für die Anordnung und das In-Beziehung-Setzen der herausgearbeiteten Kategorien. Wir analysieren Zusammenhänge zwischen einzelnen Konzepten, diskutieren deren Gemeinsamkeiten und Unterschiede und versuchen die Kontexte der einzelnen Phänomene herauszuarbeiten und zu strukturieren. Bedeutsame Kategorien werden von uns weiter ausgearbeitet und verschiedene Kodes aus den Transkripten zugeordnet. Hierfür notieren wir die einzelnen Kodes und Kategorien auf Karteikarten und heben sie farblich voneinander ab. Dadurch können wir uns einen besseren Überblick verschaffen und Zusammenhänge zwischen den einzelnen Kodegruppen herausarbeiten. Die intensive Auseinandersetzung mit dem Datenmaterial zeigt uns erste Verbindungen zwischen den einzelnen Kategorien auf. Das führt dazu, dass ein dichtes Netz aus Beziehungen verschiedener Kodes und dazugehöriger Kategorien entsteht und eine erste Vorgruppierung stattfindet. Die Abbildung 4.3 zeigt eine solche Vorgruppierung von Kategorien. Diesen unterliegen zahlreiche Kodes, in denen sich durch den Vergleich Parallelen erkennen lassen. Eine inhaltliche Übereinstimmung von Kodes lässt uns Zusammenschlüsse verschiedener Kategorien bilden und damit die Entwicklung übergeordneter Kategorien anstoßen. Zum Beispiel merken wir bei der Suche nach zentralen Aussagen, dass die Kategorien *Beziehung als Arbeitsgrundlage, Jobcharakter* und *Zweckbeziehung* inhaltliche Überschneidungen aufweisen. Daraufhin überlegen wir, ob wir Kategorien zusammenfassen können und inwiefern die Bezeichnung dann noch treffend erscheint. Es wird deutlich, dass alle drei Kategorien strukturelle Merkmale der Beziehung im Heim beschreiben, sodass wir diese Vorgruppierung vornehmen. Gleichermaßen gehen wir in den drei anderen Fällen vor. Wir überlegen konkret, worin sich die einzelnen Kodegruppen unterscheiden, was sie gemeinsam haben und welche Aussagen sie mit Blick auf das Forschungsinteresse liefern. Die ersten vier Gruppierungen, sind in der folgenden Abbildung zu erkennen (s. Abb. 4.3).

Während des axialen Kodierens tauchen Fragen auf, die einen veränderten Blick auf das vorhandene Datenmaterial werfen und den Kodierprozess in eine andere Richtung lenken. Teilweise werden während dieses Verfahrens auch Kodes ausfindig gemacht, die nachkodiert werden müssen und deshalb eine neue Bezeichnung erhalten. Hier

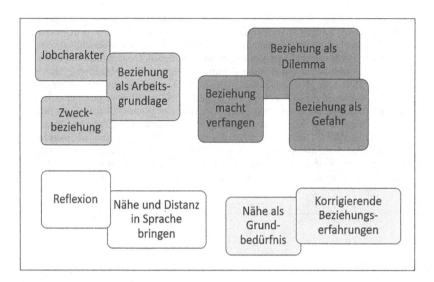

Abbildung 4.3 Vorgruppierung von Kategorien. (eigene Darstellung)

wird deutlich, dass die drei Kodierprozesse zwar aufeinander aufbauen, aber im Forschungsprozess zeitlich nicht voneinander abgrenzbar sind. Da immer wieder neue Daten erhoben wurden, müssen auch diese offen kodiert werden. Mehrfach erfolgt ein Rückgriff zum offenen Kodieren und der gesamte Kodierprozess pendelt flexibel zwischen den einzelnen Schritten hin und her. Auch dieser Kodierschritt wird durch das Memoschreiben begleitet, in dem wir unsere Gedanken dokumentieren, ordnen und für die weitere Entwicklung von Kategorien verwenden. Die Zuordnung der einzelnen Kodes und Kategorien gestaltet sich zunächst schwierig, weil wir zwischen fast allen bereits gebildeten Kodes inhaltliche Zusammenhänge feststellen können. Dieser Prozess erfordert zwischen uns Forschenden intensive Diskussionen, in deren Verlauf sich verschiedene Möglichkeiten herauskristallisieren, die einzelnen Kategorien in einen Zusammenhang zu bringen.

Im gesamten Kodierprozess tauchen einige auffällige Kodes und Begriffe immer wieder auf, die einerseits bei der Suche nach Kategorien hilfreich sind, aber auch die Abgrenzung der Phänomene untereinander erschweren. Wie in der nachfolgend dargestellten Abbildung (Abb. 4.4) erkennbar ist, kreisen eine Vielzahl von Kategorien um den Kode der *Arbeitsbeziehung*. Wir haben den Eindruck, alle Kodes dieser vermeintlichen Kategorie zuordnen zu können und zweifeln über die Richtigkeit unseres Kodierverfahrens. Einerseits münden eine Vielzahl an Kodes in dieser übergeordneten Begrifflichkeit, andererseits „verschluckt diese Zuordnung elementare Phänomene, die wichtig erscheinen bei der Beantwortung der Forschungsfrage" (Memo vom 28/08/20). Uns wird deutlich, dass wir weitere Anstrengungen darauf verwenden müssen, um ein in sich schlüssiges Kategoriensystem ableiten zu können. Wir generieren unter der Kategorie *Arbeitsbeziehung* weitere Phänomene, z. B. *den Jobcharakter*. Dieser beschreibt die strukturelle Beschaffenheit der Arbeitsbeziehung in der stationären Heimerziehung und soll als Abgrenzung dienen. Deshalb steht diese Subkategorie zunächst in unmittelbarem Zusammenhang zur Arbeitsbeziehung. Durch weitere Erzählungen von Fachkräften, in denen die Beschaffenheit von Beziehungen im Heim und unterschiedliche Arten von Beziehung aufgegriffen werden, entwickelt sich das Bild der Zweckbeziehung. Diese Idee erscheint genauso plausibel und füllt sich bei wiederholtem Blick in das Datenmaterial mit passenden Zitaten und daraus entwickelten Kodes. Daraus entsteht der Zustand (s. Abb. 4.4), in dem wir merken, dass die Kategorien und Verbildlichungen des Gesagten nicht trennscharf voneinander zu betrachten sind. Uns kommen kurzzeitig Zweifel auf, ob unser entwickeltes Kodesystem schlüssig ist und wir verlieren zeitweise den Gesamtüberblick.

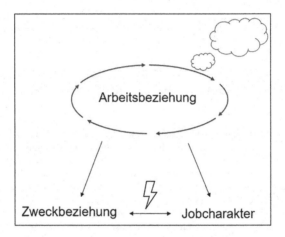

Abbildung 4.4 Prozessausschnitt der Kategorienbenennung. (eigene Darstellung)

Um diesen Konflikt aufzulösen, schauen wir in verschiedenen Abständen wiederkehrend auf die Kodes, Kategorien und das Interviewmaterial. Dabei setzen wir vermehrt bildhafte Begriffe für die Kategorienbezeichnungen ein. Zudem gewähren uns die weiteren Interviews zusätzliche Erkenntnisse und eröffnen neue Betrachtungsperspektiven auf die Kategorien. Dabei vereinfachen vor allem die Fallbeschreibungen und Assoziationen der befragten Fachkräfte die Suche nach Bildern und liefern neue Anreize für unser Kategoriensystem.

Den Prozess, indem die generierten Daten final strukturiert und in einen abstrakten Zusammenhang gebracht werden, beschreiben wir im nächsten Kodierschritt, dem selektiven Kodieren.

4.8.4 Selektives Kodieren

Das selektive Kodieren beschreibt eine Fortsetzung des axialen Kodierens „auf einer höheren, abstrakten Ebene" (*Strauss/Corbin* 1996, S. 95). Es geht um den

> „Entwurf einer konzeptionellen Perspektivierung der finalen bereichsbezogenen Grounded Theory, einer Gesamtgestalt des Theorieentwurfs, einer theoretischen Integration aller kategorialen Konzepte unter einer konsistenzstiftenden Logik" (*Breuer* et al. 2019, S. 284).

Demzufolge werden die einzelnen Kategorien in Beziehung zueinander gesetzt, um diese final zu verbinden und somit einen Wirkungszusammenhang zu rekonstruieren (vgl. *Strauss/Corbin* 1996, S. 94; *Kergel* 2018, S. 124). Zudem soll der sogenannte „rote Faden" (*Strauss/Corbin* 1996, S. 94) gefunden werden, der die einzelnen Phänomene zusammenhält. Hierbei geht es um die Entwicklung der Kernkategorie. Um diese aus dem Datenmaterial herzuleiten, müssen die gefundenen Kodes und Kategorien weiter abstrahiert werden (vgl. ebd., S. 95 ff.)

Durch den zirkulären Vergleich und das In-Beziehung-Setzen der wesentlichen Kategorien, wie es auch im Prozess des axialen Kodierens vorgenommen wird, kann ein Wirkungszusammenhang hergestellt werden. Die Verbildlichung der Phänomene, die neuen Anreize aus den Befragungen sowie die wiederkehrende Betrachtung der Kodes und Kategorien (vgl. Abb. 4.5) führen zu abstrakteren Sichtweisen. Es erscheint, als handelt es sich um eine Beziehung mit angezogener Handbremse, um eine Beziehung, deren Maß limitiert ist und um einen Beziehungsakku, der nie vollständig geladen ist. Solche Assoziationen tauchen immer wieder auf und lassen uns Dilemmasituationen, Gefahren und Spannungsfelder rund um die Beziehungsgestaltung im Heim entdecken. Es braucht viele Anläufe und Betrachtungsweisen, bis wir verstehen, dass alle Phänomene in einer großen Kernkategorie – der *gedrosselten Beziehung* – verbunden sind.

Die Abbildung 4.5 veranschaulicht die Entwicklung der Kernkategorie. Das Bild der *gedrosselten Beziehung* erscheint uns auf Anhieb passend und erweckt sofort eine Vorstellung davon, welche Bedeutung Nähe und Distanz in der Beziehungsgestaltung im Heim haben. Mit Blick auf den Forschungsgegenstand können auch die bisherigen Kodes zu aussagekräftigen Kategorien zusammengefasst werden. Diese Selektion sorgt für ein Kategoriensystem, welches die wesentlichen Phänomene rund um die Kernkategorie vereint und in Beziehung setzt.

Die zentralen Ergebnisse, die dem Kategoriensystem zugrunde liegen, werden in Kapitel 5 vorgestellt, nachdem vorerst die Gütekriterien der empirischen Forschung dargelegt und deren Einhaltung überprüft werden.

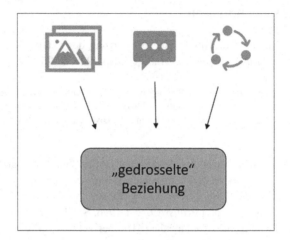

Abbildung 4.5 Ableitung der zentralen Kernkategorie. (eigene Darstellung)

4.9   Gütekriterien

Ein elementarer Bestandteil empirischer Forschung ist die Evaluierung des
Forschungsprozesses anhand von Gütekriterien. In Abhängigkeit von der Forschungsmethode gibt es generelle Kriterien, die einzuhalten sind, um die Qualität
einer empirischen Untersuchung zu gewährleisten, den Grad der Wissenschaft-
lichkeit zu messen und die Akzeptanz und Relevanz der Arbeit sicherzustellen
(vgl. *Lamnek/Krell* 2016, S. 141; *Mayring* 2016, S. 123 ff.). Dies gilt insbesondere für qualitativ orientierte Forschung, die – aufgrund ihrer Offenheit und
Flexibilität – subjektiven Einflüssen unterliegt (vgl. *Reinders/Ditton* 2015, S. 54).
Während es in der quantitativen Forschung einheitliche Gütekriterien gibt, existieren solche in der qualitativen Forschung nicht (vgl. *Kuckartz* 2018, S. 202).
Aus diesem Grund werden in dieser Arbeit die sechs qualitativen Gütekriterien
nach *Mayring* (2002, S. 144 ff.) angewendet. Diese werden in den folgenden
Ausführungen nacheinander definiert und in Bezug zu dieser Forschungsarbeit
gesetzt:

1) *Argumentative Interpretationsabsicherung*

Die argumentative Interpretationsabsicherung bezieht sich auf die intersubjektive Nachvollziehbarkeit der Interpretationen auf Basis empirischer
Kenntnisse, die durch ein umfangreiches Dokumentieren gewährleistet ist (vgl.

Lamnek/Krell 2016, S. 141). Dabei müssen sowohl methodische als auch inhaltliche Kriterien erfüllt werden. Wir stellen die Einhaltung der Gütekriterien durch die konsistente Anwendung des Forschungsdesigns und ein umfassendes Literaturstudium sicher. Darüber hinaus fördert die Verwendung von direkten und indirekten Zitaten der Interviews die argumentative Interpretationsabsicherung. Die Entscheidung für eine computergestützte Analyse mittels MAXQDA zur Unterstützung ermöglicht es uns, dass wir in jeder Phase des Auswertungsprozesses ein hohes Maß an Transparenz und intersubjektiver Nachvollziehbarkeit realisieren können.

2) *Regelgeleitetheit*

. Die intersubjektive Nachvollziehbarkeit der Ergebnisse wird zudem durch eine Regelgeleitetheit des Vorgehens sichergestellt (vgl. *Mayring* 2016, S. 145 f.). Dieses Kriterium wird vor allem durch den konsequenten Einsatz der GTM nach *Glaser* und *Strauss* (1967) erreicht. Hierdurch gelingt die Offenlegung der methodologischen Entscheidungsprozesse und ein systematisches und nachvollziehbares Vorgehen für den Forschungsprozess. Zusätzlich trägt unser Einsatz der Software MAXQDA auch hier zu einer konsistenten Anwendung der Kodierungsrichtlinien sowie der Erfüllung von Offenheit und Transparenz der GTM bei.

3) *Nähe zum Gegenstand*

Die Nähe zum Forschungsgegenstand wirkt sich positiv auf die Qualität der Forschungsergebnisse aus. Dabei wird überprüft, ob die Forschung sich auf die natürliche Lebenswelt der Betroffenen richtet und deren Interessen und Relevanzsysteme miteinbezogen werden (vgl. *Mayring* 2016, S. 146). In der vorliegenden Arbeit wird dieses Kriterium erreicht, indem Interviews mit Fachkräften aus dem stationären Heimsetting geführt wurden. Die Interviewpartner*innen befanden sich während der Interviews überwiegend an ihren Arbeitsplätzen und damit in ihrem alltäglichen Arbeitsumfeld. Durch den Einsatz von offenen Fragestellungen in den Interviews konnten individuelle Erfahrungen der Fachkräfte ergründet und spezifische Rückfragen gestellt werden.

4) *Verfahrensdokumentation*

Eine präzise Verfahrensdokumentation gewährleistet die erforderliche Transparenz und Nachvollziehbarkeit des Forschungsprozesses (vgl. *Mayring* 2002, S. 147). Dieses Kriterium wird in dieser Arbeit durch eine detaillierte Beschreibung des konzeptionellen Vorgehens bei der Datenerhebung und Datenauswertung sowie durch die Aufzeichnungen und Transkriptionen der Interviews (s. Anhang im elektronischen Zusatzmaterial auf S. 117 ff.) erfüllt. Zudem wird ein Forschungstagebuch als Hilfsmittel für eine lückenlose Dokumentation genutzt.

5) *Kommunikative Validierung*

Die kommunikative Validierung stellt sicher, dass die Interviewer*innen und Befragten ein gemeinsames Verständnis der Analyseergebnisse haben. Die Gültigkeit der Ergebnisse wird überprüft, indem sie den Forschungsteilnehmer*innen vorgelegt und gemeinsam mit ihnen diskutiert werden (vgl. *Flick* 2014, S. 413 f.). Die Interpretation der Ergebnisse sollte sich ebenfalls auch an bestehenden theoretischen Modellen oder Forschungen orientieren bzw. zur Entwicklung neuer Theorien herangezogen werden (vgl. *Gläser-Zikuda* 2015, S. 127). Um die empirische Untersuchung der vorliegenden Arbeit einzuordnen, verschafften wir uns einen Überblick über den aktuellen Forschungsstand zu der Thematik Nähe und Distanz in der Heimerziehung (Abschn. 2.3 und 3). Auch im Diskussionsteil (Kap. 6) beziehen wir uns auf theoretische Forschungen und unterstützen unsere Ergebnisse durch vorhandene Literatur. Zudem hatten die Forschungspartner*innen die Möglichkeit, die Transkripte hinsichtlich der inhaltlich unveränderten Wiedergabe ihrer Aussagen zu überprüfen. Nach Abschluss der Forschungsarbeiten werden den Interviewten die Ergebnisse zur Verfügung gestellt.

6) *Triangulation*

Das Gütekriterium der Triangulation fordert, verschiedene Zugänge zu einer Fragestellung zu finden und deren Ergebnisse zu vergleichen. Beispielsweise können unterschiedliche Datenquellen, Methoden, Theorieansätze oder Forscher*innen herangezogen werden (vgl. *Lamnek/Krell* 2016, S. 155). Durch die Verknüpfung der Erhebungsinstrumente aus problemzentriertem Interview, narrativem Interview und dem Einsatz von Fallvignetten wird die Triangulation sichergestellt. Außerdem trägt die Zusammenarbeit im Forschungsteam und die Teilnahme an Forschungswerkstätten dazu bei, das Gütekriterium zu erfüllen. Die Arbeit im Team ermöglicht es uns, Entscheidungen explizit auszuhandeln und festzulegen. Die Forschungswerkstatt hingegen erfüllt eine Reihe von Funktionen im Forschungsprozess. Hier kommt eine Gruppe von Forschenden anlässlich eines Beratungskontextes zusammen. Es werden Räume eröffnet, um gegenseitig Feedback zu geben, inhaltliche Fragen zu klären, Unsicherheiten gemeinsam auszuräumen sowie Datenmaterial aus unterschiedlichen Blickwinkeln zu betrachten (vgl. *Breuer* et al. 2019, S. 320 f.) *Pflüger* (2013, S. 180 ff.) beschreibt die Forschungswerkstatt als „multiperspektivischen, reflexiven sozialen Raum", der eine hilfreiche Ressource für den Forschungsprozess der GTM bildet und einen zentralen Beitrag zur Triangulation leistet. Ergänzend dazu liefert unser gewähltes Sampling durch zwei unterschiedliche Träger mit geschlechts- und altersheterogenen Interviewpartner*innen die Chance, unterschiedliche Phänomene umfangreich und gründlich zu erfassen.

Nachdem zusammenfassend die Gütekriterien erfüllt werden, ist die Qualität der em-pirischen Untersuchung gewährleistet sowie die Akzeptanz und Relevanz sicherge-stellt. Auf dieser konzeptionellen Basis wird im Folgenden der Forschungsprozess reflektiert, um im Anschluss die empirischen Ergebnisse der Forschungsarbeit zu prä-sentieren.

4.10 Reflexion des Forschungsprozesses

In jeder Phase des Forschungsprozesses ist es wertvoll, über die Relevanz und Konsequenzen von Interaktionen, Ergebnissen und Entscheidungen im Untersuchungsfeld nachzudenken und diese im Hinblick auf das eigene Forschungsprojekt zu reflektieren (vgl. *Breuer* et al. 2011, S. 441). Um diesen Prozess zu unterstützen, haben *Breuer* et al. (2011, S. 441 ff.) (selbst-)reflexive Fragen formuliert, die sich auf die unterschiedlichen Verfahrensschritte im Forschungsverlauf beziehen. Diese nutzen wir als Anregung, um unseren Forschungsprozess zu reflektieren.

Der gesamte Forschungsprozess erstreckt sich über den Zeitraum von Januar bis November 2020 und ist in mehrere Phasen gegliedert, die in der Abbildung 4.6 durch die jeweiligen Spalten und Zeitabschnitte gekennzeichnet sind. Beginnend mit der Themenfindung zur qualitativen Forschung und der Entscheidung zur Arbeit als Forschungstandem beschäftigten wir uns mit der Frage,

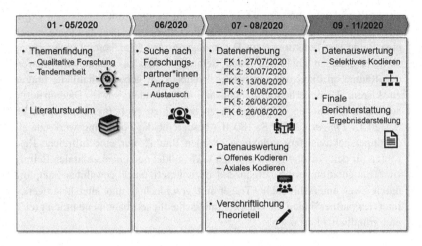

Abbildung 4.6 Übersicht Forschungsprozess. (eigene Darstellung)

welches Themenfeld wir genauer untersuchen wollen. In diesem Kontext erfolgten konzeptionelle Vorüberlegungen zu unserer Arbeit. Dieser Prozess wurde von unserem Erkenntnisinteresse geleitet, das uns zur Entscheidung brachte, das Themengebiet der stationären Heimerziehung in Anlehnung an das im Jahr 2019 durchgeführte Forschungsprojekt (*Friedrichs* et al. 2019) zu untersuchen. Die Ergebnisse des Forschungsprojekts haben neue Denkanstöße in uns ausgelöst und weitere Fragen zu dem Thema aufgeworfen. Die vorhandene Theorie verweist auf einen Spannungsbereich hinsichtlich des Umgangs mit der Nähe-Distanz-Thematik im beruflichen Kontext und zeigt die Notwendigkeit der Thematisierung und Auseinandersetzung auf.

Zunächst verschafften wir uns einen ersten Überblick durch ein intensives Literaturstudium. Hier erhielten wir Auskunft darüber, dass sich kaum konkrete Studien bzw. Forschungsarbeiten in den wissenschaftlichen Diskursen zur Nähe-Distanz-Thematik wiederfinden (Kap. 3). Dieser Aspekt zeigt uns die Forschungslücke auf, die unsere Themenwahl der Masterthesis bestätigt. Durch die Literaturrecherche konnten wir interessante Bezugspunkte vergleichen und eine erste theoretische Rahmung unseres Forschungsinteresses vornehmen. Dabei legten wir den Fokus auf das Themenfeld „Nähe und Distanz in der stationären Heimerziehung" und bezogen angrenzende Theorien und Studien mit ein. Durch wenig Kenntnis über das Forschungsfeld entschieden wir uns bewusst für eine offene Fragestellung. Dadurch erhofften wir uns einen aufgeschlossenen Zugang der Fachkräfte, um das Themenfeld möglichst uneingeschränkt untersuchen zu können. Während des gesamten Forschungsprozesses waren wir flexibel in der Anpassung der Forschungsfrage, sodass wir diese im Verlauf veränderten, uns schließlich aber wieder für unser Ursprungsthema entschieden. Die Überlegungen, welche Erhebungsinstrumente wir für unsere Forschung verwenden sollten, waren vielseitig ausgeprägt. Zunächst grenzten wir das Forschungsfeld ein und legten die Auswahl geeigneter Instrumente zur Datenerhebung fest. Nach der Entscheidung für die Durchführung von Interviews mit Fachkräften erfolgte die Konzeption des Leitfadens. Der Gedanke, auch Kinder und Jugendliche in die Erhebung mit einzubeziehen sowie Feldbeobachtungen durchzuführen, entstand. Die aktuelle Situation rund um Covid-19 lies dies leider nicht zu. Die gezielte Suche und Kontaktaufnahme zu möglichen Forschungspartner*innen erstreckte sich über einen Zeitraum von ca. vier Wochen und es wurden einige interessierte Fachkräfte ausfindig gemacht (Abschn. 4.4). Den Aufwand für die Kontaktaufnahme zu den Forschungspartner*innen haben wir unterschätzt. Durch die derzeitigen Kontaktbeschränkungen wegen der Corona-Krise gestaltete sich diese kompliziert und herausfordernd. Es kam die Sorge auf, nicht ausreichend Fachkräfte für unsere Studie gewinnen zu können, weil andere Themen aufgrund der aktuellen Gefahrensituation Vorrang haben. Dennoch konnten wir motivierte Fachkräfte ausfindig machen, die Interesse an der Thematik zeigten und können trotz der widrigen Umstände zufrieden mit der Resonanz der Teilnahme an unserer Studie sein. Nach ersten Kontakten und dem intensiven Austausch mit verschiedenen Einrichtungen, konnten im Juli und August 2020 die Erhebungen beginnen, bei denen insgesamt sechs Interviews geführt und ausgewertet wurden. Für die Datenerhebung nutzen wir zunächst vorstrukturierte Interviewfragen, um bei dem vulnerablen Themenfeld Sicherheit in die Interviewdurchführung zu bringen. Die Fallvignetten, die wir als weiteres Erhebungsinstrument hinzugezogen haben, wurden von uns flexibel und individuell angewendet. Insgesamt waren wir grundsätzlich offen für die Gesprächsverläufe und passten die Situation je nach Erzählungen der Interviewpartner*innen an. Den zirkulären Prozess der GTM konnten wir einhalten, indem wir Interviewfragen im Verlauf der Datenerhebungen veränderten bzw. Fragen aufgrund ausreichend generierter Informationen entfallen ließen. Die Durchführung der Interviews in separaten Gesprächssettings verhinderte leider unsere Einblicke in die Wohngruppen und somit auch in das konkrete Tätigkeitsfeld der Heimerziehung. Durch Ankommens- und Abschiedssituationen hätten wir uns einen Eindruck über die Alltagssituation in den Einrichtungen bilden und ggf. kurze Sequenzen des tatsächlichen Lebens in den Wohngruppen beobachten können.

Zu Beginn unseres Auswertungsprozesses nahmen wir das Kodieren der Transkripte frei von einer computergestützten Software vor, indem wir die jeweiligen Zeilen des Transkriptes und dazugehörige Kodes in Form einer Tabelle auflisteten. Als sich nach dem Kodieren der ersten zwei Interviews schon zahlreiche Kodes finden ließen, wurde es schwierig, den gesamten Überblick zu behalten. Daraufhin haben wir entgegen anfänglicher Skepsis die Arbeit mit der computergestützten Software MAXQDA aufgenommen. Dieser Prozess wurde von uns zu Beginn als herausfordernd, aber auch schnell als gewinnbringend erlebt. Die Software war uns zuvor nicht bekannt und wir wurden über Kommilitonen in der Forschungswerkstatt darauf aufmerksam, welche Mehrwerte dadurch für die Arbeit mit der GTM entstehen. Nach einer ersten Gewöhnungs- und Einarbeitungsphase über die Funktionen von MAXQDA, gefiel uns besonders die strukturierende Funktion der gesammelten Daten und Kodes, die uns einen Gesamtüberblick über unsere Forschungsinhalte verschaffte. Zudem halten wir es für berichtenswert, den Interpretationsprozess unserer Forschung zu resümieren. Das wiederholte Auswerten in rekursiven Schleifen empfanden wir als einen sehr anstrengenden Prozess, der von Diskussionen, alternativen Interpretationsgedanken und inneren Konflikten geprägt war. Es brauchte viele Anläufe, um die Fülle generierter Kodes in ein schlüssiges System zu übertragen. Dabei haben wir die Zusammenarbeit im Forschungsteam als hilfreich und zugleich zeitintensiv empfunden, da jeder Analysestand vermehrt diskutiert werden musste. Wir haben der Arbeit im Forschungsteam vor Beginn der Aufnahme des Projekts kritisch entgegengesehen. Wir waren skeptisch, ob wir uns im Prozess einig werden, uns eine Aufteilung der Schreibanteile gelingt, unsere Schreibstile und Arbeitsweisen zusammenpassen sowie die Erwartungen an die Zusammenarbeit übereinstimmen. Trotz anfänglicher Bedenken sind wir rückblickend der Meinung, dass es den Forschungsprozess in qualitativer Hinsicht bereichert hat. Wir können Profit aus dem fachlichen Austausch ziehen und haben Krisen gemeinsam durchlebt, die während des Analyseprozesses und der Berichterstattung auftraten. Die Tatsache, dass wir aufgrund der Corona-Krise keine Möglichkeit hatten, die Bibliothek für unsere Arbeitsprozesse zu nutzen und nicht zu jeder Zeit am gleichen Ort sein konnten, hat den Forschungsprozess erschwert. Weiterhin haben wir den fachlichen und methodischen Austausch in den Forschungswerkstätten als hilfreich empfunden, weil wir hier unser Kategoriensystem und damit verbundene Deutungen diskutieren konnten. Verständnisfragen und weitere Anregungen haben dazu geführt, dass wir unsere Gedanken nochmal überprüften und unsere Deutungsansätze stringenter herausstellen konnten. Ferner haben die Berichte anderer Forscher*innen dazu beigetragen, blinde Flecke im eigenen Forschungsprozess aufzudecken und sich selbst zu reflektieren. Während des Auswertungsprozesses haben wir begonnen den Theorieteil zu verschriftlichen. In einem letzten und sehr intensiven Prozess haben wir anschießend die finalen Ergebnisse abgeleitet und fokussiert, sodass eine abschließende Berichterstattung der Forschungsarbeit von September bis November erfolgen konnte.

Das nachfolgende Kapitel stellt das Kernstück unserer empirischen Studie dar. Hier stehen die im Prozess generierten Ergebnisse der Interviewauswertung im Fokus.

Ergebnisse der empirischen Studie – Die gedrosselte Beziehung

5

In diesem Kapitel erfolgt die Darstellung der zentralen Ergebnisse unserer empirischen Studie. Es wird ein begründetes Deutungsangebot darüber gegeben, wie die Aspekte Nähe und Distanz im Zusammenhang zur Beziehungsgestaltung in Heimeinrichtungen stehen. Wie in Kapitel 3 verdeutlicht wurde, stehen diesem forscherischen Umgang eine praktische Notwendigkeit und ein ausgeprägtes Erkenntnisinteresse entgegen. Dabei stehen zentrale Fragen im Fokus, die den folgenden Prozess leiten. Wie funktioniert Beziehung in der stationären Heimerziehung? Was verstehen die Fachkräfte unter Beziehung? Was bedeuten Nähe und Distanz? Und wie gestalten sich damit verbundene Prozesse? Bei der Beantwortung dieser Fragen entwickeln wir eine Kernkategorie (vgl. Abschn. 4.8), die sich unter Einbezug der GTM ableiten lässt.

Abbildung 5.1 zeigt die finale Version einer Übersicht des Kategoriensystems, welches wir im Laufe des Forschungsprozesses stetig weiterentwickelt haben. Im Mittelpunkt der Übersicht steht die Kernkategorie *gedrosselte Beziehung*. Diese definiert sich über die drei untergeordneten Kategorien: *Beziehung als Arbeitsgrundlage*, *Beziehung als Dilemma* und *Beziehung als Lernfeld*. Diese drei Kategorien verstehen sich als Dimensionen, durch die sich das Phänomen der *gedrosselten Beziehung* kennzeichnen lässt. Die Dimensionen sind jeweils über zwei weitere Subkategorien charakterisiert. Die Subkategorie *Beziehung ist gefährlich* ist nochmals anhand dreier Gliederungspunkte strukturiert. Im Gesamtzusammenhang bilden die Kategorien ein in sich schlüssiges System,

Ergänzende Information Die elektronische Version dieses Kapitels enthält Zusatzmaterial, auf das über folgenden Link zugegriffen werden kann https://doi.org/10.1007/978-3-658-36024-5_5.

das nachfolgend unter Zuhilfenahme des Datenmaterials vorgestellt wird. Im ersten Schritt werden zentrale Definitionen der Fachkräfte zu Beziehung, Nähe und Distanz gegeben. Diese führen zur Ableitung der Kernkategorie *gedrosselte Beziehung*, die das zentrale Phänomen der hier entwickelten Grounded Theory darstellt. Anhand dieser werden die Kategorien und Subkategorien erläutert, in denen Bedingungsfaktoren und Phänomene der Kernkategorie in drei unterschiedlichen Dimensionen begründet sind.

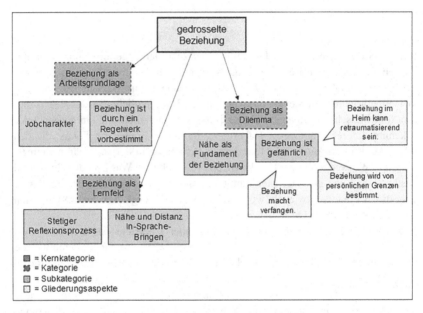

Abbildung 5.1   Übersicht Kategoriensystem. (eigene Darstellung)

Um *die gedrosselte Beziehung* als Kernstück der Untersuchungsergebnisse behandeln zu können, bedarf es vorerst einer begrifflichen Annäherung, die bereits in Kapitel 2 und 4.8.3 vorgenommen wurde. Aus dem erhobenen Datenmaterial kann abgeleitet werden, dass die Begriffe Beziehung, Nähe und Distanz wie folgt definiert werden. Beziehung im Allgemeinen wird als „*hochspannend, ehm [und] hoch komplex*" (FK 1, Abs. 5) erlebt. Dabei werden verschiedene Arten von Beziehung unterschieden.

„Also es gibt natürlich einmal so diese Liebesbeziehung, die ich und mein Partner haben. Dann gibt es die Beziehung, die man zu seinen Eltern hat, sage ich mal, die Beziehung, die man innerhalb der Familie zu Geschwistern hat. [Und] Ne eh Arbeitsbeziehung" (FK 3, Abs. 5).

Eine Beziehung im Arbeitskontext erfährt dabei eine klare Abgrenzung vom privaten Beziehungserleben, wie es Fachkraft 2 in ihrer Aussage *„Im Kontext von Arbeit oder Beziehung generell?"* (FK 2, Abs. 6) bestätigt. Auch in der Literatur wird zwischen den beiden Beziehungsformen differenziert. Bei der Unterscheidung zwischen rollenförmiger und persönlicher Beziehung steht für die professionelle pädagogische Beziehung nach *Giesecke* (1997, S. 250 ff.) eine stärkere Orientierung an der Rollenförmigkeit im Vordergrund. Diesen Standpunkt vertritt auch *Müller* (2019, S. 171) in seiner Argumentation, in der er zwischen „nahen, vertrauten, intimen Beziehungen" (Familie und Freunde) und „distanzierten, sachlichen, oberflächlichen Beziehungen" (Arbeitskontext) unterscheidet. Beziehungen übernehmen verschiedene Funktionen. Im privaten Setting sehen die Fachkräfte Beziehung als etwas *„Lebensnotwendiges was Halt, Sicherheit und Perspektive für[s] Leben gibt"* (FK 2, Abs. 8). Es geht um Vertrauen. Vertrauen ist ein strukturierendes Medium in sozialen Beziehungen (vgl. *Wagenblass* 2004, S. 81) und wird sowohl privat als auch im Kontext stationärer Heimerziehung als *„mit das einzig wichtige Instrument"* (FK 1, Abs. 5) beschrieben. An die Beziehung als Kernelement von Heimerziehung knüpft *Prengel* (2019, S. 73) an und schreibt, dass Beziehungen notwendig sind, um heranwachsen zu können. Das zentrale Bedürfnis der pädagogischen Fachkräfte ist „die Gestaltung einer gelingenden, harmonischen Beziehung als Grundlage eines Arbeitsbedürfnisses" (*Rätz* 2017, S. 138). Dabei wird Beziehung im Arbeitskontext auch als gefährlich angesehen, was unmittelbar auf die Begriffe Nähe und Distanz hinweist (vgl. FK 1, Abs. 5).

Die Befragten sehen Nähe als elementares Grundbedürfnis[1] von Kindern und Jugendlichen in der Heimerziehung. *„Nähe ist ehm unglaublich wichtig für die Arbeit, [...] sowohl körperliche als auch ehm psychische oder seelische Nähe zu [...] gestalten* (FK 2, Abs. 12). Es wird mit einer *„vertraute[n] Basis"* (FK 4, Abs. 13) gleichgesetzt, die angeboten werden muss, *„um diesem Klienten, diesem Kind dann einfach ehm das geben zu können, was er jetzt gerade braucht"* (FK 2, Abs. 14). Nähe als etwas Körperliches, Emotionales und Psychisches

---

[1] Körperliche und emotionale Zuwendung sind Teil der Erziehung von Kindern und Jugendlichen (vgl. *Abrahamczik* et al. 2013, S. 33). Dabei erfüllt Nähe zwischen Individuen der gleichen Spezies die Funktion, überlebensrelevante Grundbedürfnisse zu befriedigen (vgl. *Grau* 2003, S. 286).

wird als zentrales Element von Beziehung beschrieben. Dabei wird emotionale Nähe seitens der Fachkräfte als beziehungsfördernd erachtet, weil sie ermöglicht, dass zentrale Bedürfnisse der Klient*innen wahrgenommen werden. So kann bedürfnisorientiert gehandelt und die Beziehung gestärkt werden. Nähe im Heimsetting geben die Fachkräfte aus fachlicher Überzeugung und im Sinne der Beziehungsgestaltung. Distanz wird im Kontrast dazu als notwendiges Merkmal fachlicher Arbeit erachtet und teilweise damit gleichgesetzt: *„[D]as ist eigentlich ja die fachliche Arbeit"* (FK 1, Abs. 13). Distanz hat einerseits eine objektive Seite, die sich auf den räumlichen Abstand zu den Kindern und Jugendlichen bezieht: *„Corona [...] ist gerade ganz viel Distanz"* (FK 5, Abs. 11). Andererseits beschreiben die Regeln zum Einsatz der Person als Werkzeug die Notwendigkeit professioneller Distanzwahrung auf einer anderen Ebene (vgl. *von Spiegel* 2018, S. 105). Diese wahren Fachkräfte aus der Motivation heraus, die Anliegen und Situationen der Kinder und Jugendlichen *„nicht zu nah an [sich persönlich] [...] heranzulassen"* (FK 2, Abs. 12), um damit sich selbst als Personen abgrenzen zu können. Die Abgrenzung der Fachkräfte zeigt sich somit in emotionaler als auch in körperlicher Hinsicht. Distanz beschreibt *„eine gewisse Grenze, dass man sagt irgendwie»bis hier hin ist es okay, alles andere ist schon zu weit drüber«* (FK 6, Abs. 17). Die Beziehungen im Heim werden *„auch immer mit so einem»da fehlt auch irgendwas« ja, das kriegen wir nicht ganz aufgefüllt"* (FK 6, Abs. 17) definiert, welches eine passende Überleitung zur entwickelten Kernkategorie der *gedrosselten Beziehung* bietet.

Zur Beschreibung des zentralen Phänomens, der Beziehung im Heim, bedienen wir uns dem Begriff der „Drosselung". Drosselung wird laut Duden synonym zu den Begriffen Herabsetzung und Begrenzung verwendet (vgl. *Duden* 2020, o. S.). Als „gedrosselt" wird etwas beschrieben, dass „halb" oder „langsam" ist bzw. passiert (vgl. ebd.). Der Prozess der Drosselung meint, „einen Vorgang [zu] beschneiden" (*Online-Wörterbuch Wortbedeutung* 2020, o. S.). Die *gedrosselte Beziehung* wird demzufolge als eine nicht vollständige, begrenzte Beziehung verstanden. Die in ihr enthaltene *„Nähe, die sie brauchen, die Kinder, kann man nicht hundertprozentig geben"* (FK 6, Abs. 17), sie ist limitiert und an den persönlichen Grenzen der Fachkräfte ausgerichtet. Diese Art von Beziehung wird auch von den Autor*innen *Jungmann* und *Reichenbach* (2016, S. 41) aufgegriffen, die die pädagogische Beziehung als stärker regelgeleitet, spezialisierter und zeitlich eng definiert beschreiben. Die *gedrosselte Beziehung* definiert sich durch ihre Abgrenzung von engeren Beziehungen im privaten Umfeld der Befragten, bspw. im Unterschied zu Eltern-Kind-Beziehungen.

„Ich würde mich auch nicht zu einem Kind ins Bett legen zum Beispiel oder so. Das sind so Sachen, die man dann wahrscheinlich eher mit [...] der Idee von eigenen Kindern in der Zukunft verbinden würde. Wo es nochmal einen Unterschied gibt. Auch emotional" (FK 1, Abs. 29).

Die Kernkategorie *gedrosselte Beziehung* definiert sich im Detail über drei unterschiedliche Dimensionen. Die darin begründeten Phänomene beschreiben die Kernkategorie auf struktureller, inhaltlicher und einer Handlungsebene. Diese können wir über das Zusammensetzen mehrerer Kodes und Kategorien sowie anhand von Leitfragen ausfindig machen (s. Anhang im elektronischen Zusatzmaterial auf S. 155). Im Folgenden werden die Kategorien *Beziehung als Arbeitsgrundlage*, *Beziehung als Dilemma* und *Beziehung als Lernfeld* sowie ihre jeweiligen Subkategorien im Detail vorgestellt.

5.1   Beziehung als Arbeitsgrundlage

Die strukturelle Dimension der *gedrosselten Beziehung* kennzeichnet sich darüber, dass sie als Arbeitsgrundlage der Tätigkeit in der Heimerziehung verstanden wird. Beziehung ist *„elementar für die Arbeit"* (FK 1, Abs. 5). Sie ist *„das einzig wichtige Instrument irgendwie auch, mit dem wir arbeiten"* (FK 1, Abs. 5), ohne Beziehung *„würde nicht[s] funktionieren"* (FK 5, Abs. 15). Sie wird als Grundvoraussetzung erachtet, denn *„gerade in unserem Bereich [der Heimerziehung] ist es total wichtig eine gute Beziehung zu den Jugendlichen zu haben"* (FK 4, Abs. 7). Beziehungen in ihrem Arbeitscharakter *„laufen nur über Nähe und Distanz, also die Arbeit ist reine Arbeit mit Nähe und Distanz eigentlich"* (FK 3, Abs. 17). Darin wird deutlich, dass die Pole Nähe und Distanz charakteristisch für Arbeitsbeziehungen sind und Funktionalität für das Handlungsfeld versprechen. *„Nähe und Distanz, das Spannungsfeld ist auf jeden Fall das, was die Arbeit hier besonders schwierig macht und belastend"* (FK 1, Abs. 9). Im Detail definiert sich der strukturelle Charakter der *gedrosselten Beziehung* über die beiden nachfolgend beschriebenen Subkategorien *Jobcharakter* und *Beziehung ist durch ein Regelwerk vorbestimmt*.

5.1.1 Jobcharakter

Der *Jobcharakter* der Beziehung zu Kindern und Jugendlichen der Heimerziehung ist in der Tatsache begründet, dass *„Beziehung als ehm Grundbaustein der*

Arbeitsweise in Wohngruppen" (FK 2, Abs. 8) bezeichnet wird. Das *„heißt ohne Beziehungsarbeit ist die Arbeit in der Wohngruppe nur sehr schwer und nicht langfristig möglich"* (FK 2, Abs. 8). Der Beziehungsaufbau wird dabei als Instrument gesehen, dem Fachkräfte sich in der Arbeit bedienen. Fachkraft 2 beschreibt diesen Jobcharakter treffend: *„in der Wohngruppe hat jeder von uns so ungefähr vier Bezugskinder, die wir immer im Doppelteam irgendwie ehm bearbeiten"* (FK 2, Abs. 10). Bei der Beschreibung von Beziehung fallen Begriffe wie *„bearbeiten"* (FK 2, Abs. 10) und *„auslagern"* (FK 2, Abs. 31). Beziehung wird dabei als Arbeit verstanden, die es zu erledigen gilt, *„insofern die Arbeitszeiten das zulassen"* (FK 2, Abs. 10). Beziehung in ihrem Jobcharakter ist demzufolge über feste Arbeitszeiten, Rollen und den gezielten Einsatz von Nähe und Distanz bestimmt. Dadurch lässt sie sich klar von persönlichen Beziehungen abgrenzen, die unabhängig eines strukturellen Rahmens gestaltet werden. Beziehungen im Arbeitskontext Heim finden zwischen Kindern bzw. Jugendlichen und der Rolle als Pädagog*in in klarer Abgrenzung zum privaten Setting statt. Denn *„das ist gerade meine Rolle als Pädagogin hier und ich nehme das jetzt nicht persönlich"* (FK 3, Abs. 11). Diese Art der Distanzierung ist unabdingbar, sonst *„würde ein Teil des Jobinhalts fehlen"* (FK 1, Abs. 17). Dabei sorgt Distanz für Beziehungsunterbrechungen durch die Struktur des Schichtdienstes in der Heimerziehung. Beziehung wird unterbrochen, *„wenn ich im Urlaub bin, dann gibt es eine Vertretung, ansonsten muss das Kind halt unter Umständen auch nochmal einen Tag warten, bis ich wieder da bin"* (FK 1, Abs. 27). Es handelt sich um eine Art Zweckbeziehung, deren Beziehungsabbruch durch die Struktur des Handlungsfeldes vorbestimmt ist. Es handelt sich um eine Beziehung, die begrenzt ist, auf die Dauer des Aufenthaltes, weil es *„eben nicht Familie ist und [...] auch nicht Familie sein will, dass es sich auch nicht um eine Ersatzrolle handelt"* (FK 1, Abs. 13). Der Jobcharakter wird immer wieder deutlich in jeder *„Vernetzungsarbeit mit dem Jugendamt, mit den Eltern, [durch] Elterngespräche"* (FK 1, Abs. 13), *„das macht ganz deutlich, dass es anders ist"* (FK 1, Abs. 13). Die Struktur der (Arbeits-) Beziehung enthält ein asymmetrisches Verhältnis in Bezug auf Nähe und Distanz. Dabei legen die Fachkräfte fest, in welcher Weise das Spannungsfeld ausgestaltet wird,

> *„was fies ist auf der einen Seite, weil ich versuche so nah wie möglich an sie ranzukommen, so viel wie möglich über sie zu erfahren, sie sollen mir alles erzählen und ich persönlich ehm ziehe mich dann aber immer ein Stück weit raus, um nicht zu viel von mir privat persönlich preiszugeben"* (FK 2, Abs. 12).

Diese Asymmetrie ist struktureller Bestandteil der Beziehungsgestaltung und weist eine paradoxe Struktur auf, die die Arbeit im Heim funktional macht. Während die Fachkräfte die Beziehung als Instrument ihrer Arbeit ansehen, stellt sie für die Kinder und Jugendlichen ein elementares Konstrukt ihres Alltags dar. Fachkräfte unterscheiden die Arbeitsbeziehung zu den Kindern von den Beziehungen zu ihren Kolleg*innen. Es gibt eine *„Arbeitsbeziehung, die man zu Kollegen hat"* (FK 3, Abs. 5) und *„dann gibt es natürlich die Beziehung zu den Kindern bei der Arbeit, die ja eigentlich auch erstmal eine Arbeitsbeziehung ist. Aber die natürlich auch irgendwie mehr ist"* (FK 3, Abs. 5). Die Asymmetrie zeigt sich dadurch, dass das Heim zeitweise als Lebensmittelpunkt der jungen Menschen gilt, die auf Beziehung angewiesen sind. Die Kolleg*innen untereinander führen im Vergleich dazu ausgewogene, symmetrische Beziehungen, auch wenn diese im gleichen Setting stattfinden. Die Symmetrie ist darin begründet, dass sie gleiche Vorstellungen davon haben, welche Zwecke ihre Beziehungen zueinander erfüllen, welche jedoch im Fachkraft-Kind-Verhältnis auseinanderfallen. Das unausgewogene, fast schon einseitige Beziehungsverhältnis, hilft im pädagogischen Setting dabei, dass Abgrenzung im Sinne der Work-Life-Balance gelingen kann. Die Fachkräfte versuchen ihre eigene persönliche Geschichte weitestgehend aus Arbeitsbeziehungen fernzuhalten, sie halten die Asymmetrie aufrecht, sodass sie *„so wenig wie möglich von der Arbeit mit nach Hause [...] nehmen"* (FK 2, Abs. 12). Das stellt ein wichtiges Merkmal der *gedrosselten Beziehung* dar. Distanz ist *„notwendig für dein persönliches – ich sag mal – Seelenheil, für dein persönliches gutes Gefühl, für deine Psychohygiene"* (FK 2, Abs. 12) und hat ganz viel damit zu tun, wie Fachkräften ihr privater Alltag außerhalb der Wohngruppe *„gelingt"* (vgl. FK 2, Abs. 16). Für die Wahrung des Jobcharakters *„bleibt eigentlich auch keine andere Möglichkeit, um auch die gewisse Distanz in irgendeiner Art und Weise zu wahren"* (FK 2, Abs. 16). Damit das gelingen kann, bedarf es einer Teamstruktur, die Fachkräften die Verantwortungsabgabe nach Dienstende erleichtert. *„Kollegen wo man weiß, die führen das gut weiter, auch wenn ich jetzt nach Hause fahre. Die übernehmen meinen Dienst und die machen das [...] dann auch gut, da kann ich mich drauf verlassen"* (FK 1, Abs. 47). Das spiegelt eindrücklich die Bedeutung der Distanz in der Beziehungsgestaltung wider. Es ist ein Instrument, das gebraucht wird, um fachliche Arbeit leisten zu können *„und Distanz ist halt auch in gewisser Weise halt sehr wichtig, weil man die Sachen dann auch nicht zu nah an sich ranlassen sollte"* (FK 3, Abs. 9). *„[I]ch möchte eigentlich, sobald ich zuhause bin nichts mehr hören von den Klienten"* (FK 2, Abs. 16), denn *„ich finde nicht, dass mein Privatleben die in allen Bereichen was angeht"* (FK 4, Abs. 23). Das notwendige Maß an Distanz ergibt sich also in der Überlegung darüber *„wie weit lässt man die Kinder in seine eigene Biografie mit*

rein und wo sagt man auch „bis dahin und dann ist auch gut"" (FK 6, Abs. 19).
Distanz als Strukturmerkmal der *gedrosselten Beziehung* verleiht den Beziehungen im Heim ihren *Jobcharakter* und bringt die dafür notwendige Chance zur Work-Life-Balance mit sich.

5.1.2 Beziehung ist durch ein Regelwerk vorbestimmt

Der Beziehungsaufbau zwischen Fachkräften und jungen Menschen in der Heimerziehung ist strukturell durch ein „Regelwerk"[2] vorbestimmt. Zentral ist dabei das Konzept der Bezugsbetreuung, das in zahlreichen Erzählungen der Fachkräfte aufgegriffen wurde und abschließend in Kapitel 6 in den fachlichen Diskurs gebracht wird. Hier gilt es, den jungen Menschen ab ihrem ersten Tag in der Einrichtung einen *„Beziehungsangebotspartner"* (FK 3, Abs. 9) zu bieten. Bei *„meinen Bezugskindern stürze ich mich da natürlich in die Beziehungsarbeit nochmal mehr rein"* (FK 2, Abs. 10). Da ist es von Bedeutung, bereits zu Beginn des Heimaufenthaltes eine Beziehung aufzubauen.

> *„[Weil] auch gerade die Bezugspädagogenrolle sehr sehr vehement den Alltag auch bestimmt. Also alle Themen, die irgendwie mein Bezugskind betreffen, die regel auch wirklich nur ich und wenn ich im Urlaub bin, dann gibt es eine Vertretung, ansonsten muss das Kind halt unter Umständen auch nochmal einen Tag warten, bis ich wieder da bin. Und allein dadurch ist die Beziehung schon sehr eng vorbestimmt"* (FK 1, Abs. 27).

Nähe ist allein durch das System der Bezugsbetreuung vorprogrammiert, welches den strukturellen Charakter der *gedrosselten Beziehung* verdeutlicht. Die Auswirkungen dieser strukturbedingten *„enge[n] engere[n] Beziehung"* (FK 2, Abs. 10) werden in der Aussage der Fachkraft 1 deutlich:

> *„[A]uf jeden Fall merkt man auch Verhaltensveränderungen, wenn die Bezugsbetreuerin im Urlaub ist, wenn die nicht da ist, wenn die krank ist, wenn die vielleicht einen Trauerfall in der Familie hatte und der Person es nicht so gut geht, also die haben ganz feine Antennen [die (Bezugs-)Kinder]"* (FK 1, Abs. 9).

---

[2] *Friedrichs* et al. (2019, S. 19 f.) beschreiben im Rahmen ihres Forschungsprojekts (s. Kap. 3), dass der Umgang mit Nähe und Distanz in der stationären Heimerziehung als Regelwerk verstanden wird. Darin werden z. B. der Beziehungsaufbau, Körperkontakt und Distanzierung festgelegt. Das Regelwerk um die Pole Nähe und Distanz strukturiert den Umgang und damit auch die Beziehungen zwischen Fachkräften und jungen Menschen.

Diese Aussage kann als Beleg dafür gelten, dass das Konzept der Bezugserzieherschaft für Nähe und Verlässlichkeit sorgt, die beziehungsfördernd sind, aber auch zu emotionaler Verstrickung führen können (s. Abschn. 5.2.2). In der Kritik der Fachkräfte an diesem Bezugserzieher*innensystem wird aber auch die Drosselung der Beziehung deutlich. Der Beziehungsaufbau wird als personenabhängig und kaum vorhersehbar beschrieben.

> „[Wie] nah jetzt ein Kollege oder eine Kollegin ehm mit einem Kind im Kontakt ist, das ist auch wirklich unterschiedlich. Manchmal kann man bei einem Kind auch ehm besser in Kontakt kommen oder leichter, einfach weil es auf der menschlichen Ebene manchmal besser passt so [...] Also bei der kann ich mich am besten ausheulen, mit dem und dem kann ich am besten über die und die Sachen diskutieren oder so" (FK 3, Abs. 9).

Die vorbestimmte Beziehung im Sinne der Bezugserzieher*innenschaft sorgt also durch ihre Struktur an sich dafür, dass Nähe gedrosselt ist und Beziehung nur bedingt ausgestaltet werden kann. Fachkraft 3 beschreibt ergänzend dazu, dass es

> „wichtig [sei], dass man auch ein ganz gemixtes Team hat, mit sowohl Männern als auch Frauen, dass irgendwie für jedes Kind möglichst ein Beziehungsangebotspartner da ist, bei dem das Kind das Gefühl hat, es kann sich darauf verlassen" (FK 3, Abs. 9).

Sobald dies strukturell nicht gewährleistet ist, kann die Beziehung zwischen jungen Menschen und ihren Bezugspädagog*innen in dem Maß gedrosselt sein, dass es Kindern und Jugendlichen schwerfällt, sich in schwierigen Situationen zu öffnen und anzuvertrauen (vgl. FK 4, Abs. 17). Das kann passieren, wenn eine durch Regeln vorbestimmte Beziehung nicht nah genug ist. Nähe wird in der Heimerziehung zeitlich und situationsspezifisch ausgestaltet, sie ist vorstrukturiert. Beispielsweise „abends beim Ins-Bett-Bringen" (FK 2, Abs. 14) oder „zur Begrüßung, dass man sich umarmt" (FK 5, Abs. 9). „Also man schaut immer, dass es dafür auch Zeiten gibt, wo das gut klappt" (FK 1, Abs. 15) und wo es funktional für die Arbeit eingesetzt wird.

Ein professionelles Arbeitssetting im Umgang mit den jungen Menschen sorgt dafür, dass die Beziehung eingeschränkt, gedrosselt wird. Fachkraft 5 beschreibt diese Einschränkungen treffend: „Merk ich, weil ich mit 20 Stunden ne ganz andere Beziehung zu den Kindern habe als meine Kollegen mit 40 [Stunden]" (FK 5, Abs. 5). Strukturen wie Arbeitszeiten und ein implizites Regelwerk drosseln die Beziehung.

„Ich meine – klar – es gab schon mal Situationen zum Beispiel zu Nähe und Distanz, da wollte ein kleiner Junge, der hat gesagt: »wieso darf ich nicht bei dir im Bett schlafen?« *So, ne. Und der konnte nicht gut schlafen, da sag mal »ne das darfst du jetzt nicht« und bei einer Mutter hätte er das gemacht"* (FK 4, Abs. 27).

Distanzwahrung als Teil von professionellem Handeln kann hier auch ein Zurückweisen von Bedürfnissen bedeuten. Ohne die Einhaltung einer Balance von Nähe und Distanz *„würde die Arbeit leichter"* (FK 2, Abs. 20), bestätigt Fachkraft 2. Das leitet treffend über zur inhaltlichen Dimension der *gedrosselten Beziehung*, die die Beziehung im Heim anhand eines Dilemmas umschreibt.

5.2   Beziehung als Dilemma

Beziehung als Dilemma beschreibt das zentrale Phänomen der *gedrosselten Beziehung* in der inhaltlichen Dimension. Um das Dilemma zu begründen, ist es zunächst notwendig den Begriff zu veranschaulichen. Wie bereits in den theoretischen Grundlagen beschrieben (Abschn. 2.3.2), ist die Arbeit im Heimsetting für Fachkräfte durch ein Spannungsfeld von Nähe und Distanz gekennzeichnet. In Bezug auf die Kategorie *Beziehung als Dilemma* lässt sich dieses Spannungsfeld mit einer Zwickmühle vergleichen. Die Beziehung im Kontext von Heimerziehung ist *„hochspannend, ehm hoch komplex, es ist nie einfach zu beschreiben"* (FK 1, Abs. 5). Gleichzeitig wird sie von den Fachkräften aber auch als *„gefährlich, [und] ehm bedrohlich"* (FK 1, Abs. 5) empfunden. Das Dilemma ist durch eine paradoxe Struktur gekennzeichnet. Auf der einen Seite bringt die Beziehungsarbeit *„sehr sehr viel Positives, […] die einem vieles auch erleichtert"* (FK 2, Abs. 8) und auf der anderen Seite ist sie *„immer wieder eine Herausforderung für die Fachkraft"* (FK 1, Abs. 9). Die Erläuterungen von Fachkraft 3 verdeutlichen die Herausforderungen nochmals und machen das Dilemma deutlich,

„[dass] es immer eine schmale Gratwanderung ist. Dass es ehm ja eigentlich (…) nie ins Extreme rutschen sollte sozusagen. Also es sollte nicht zu nah sein und es sollte aber auch nicht zu distanziert sein" (FK 3, Abs. 9).

Um die inhaltliche Dimension der *gedrosselten Beziehung* näher zu beschreiben, haben wir die Kategorie *Beziehung als Dilemma* nochmals in die zwei Subkategorien *Nähe als Fundament der Beziehung* und *Beziehung ist gefährlich* untergliedert, die im Folgenden umfassend beschrieben und analysiert werden.

5.2.1 Nähe als Fundament der Beziehung

Die eine Seite des Dilemmas beschreibt die Subkategorie *Nähe als Fundament der Beziehung*. Um das Fundament zu legen und Nähe zu den Kindern aufzubauen, braucht es Vertrauen, was auch Fachkraft 3 in ihren Ausführungen beschreibt: *„Und das Wichtigste erstmal ist, sich ein bisschen kennenzulernen und eine gewisse Grundlage an Vertrauen zu schaffen"* (FK 3, Abs. 7). Nähe als Fundament ist eine Voraussetzung dafür, dass Fachkräfte und Adressat*innen in Interaktion treten und eine Beziehung zueinander aufbauen können. Der Begriff Nähe wird auch in den Interviews immer wieder mit Beziehung in Verbindung gebracht, *„Beziehung ehm da fällt mir natürlich die Nähe ein"* (FK 6, Abs. 13). Folglich hat Nähe eine große Bedeutung für die Beziehungsgestaltung in der Heimerziehung und stellt im übertragenen Sinn und auf paradoxe Weise das Fundamt der *gedrosselten Beziehung* dar. Nähe ist ein unverzichtbares Bedürfnis von Kindern und Jugendlichen. Ihnen *„das zu geben was sie brauchen, die Nähe, die sie brauchen, ist eine immense Herausforderung"* (FK 2, Abs. 20). Die Nähe, die Kinder einfordern und für ihre Entwicklung benötigen, kann das Maß der Arbeitsbeziehung überschreiten. Die Fachkräfte sind einer Zwickmühle ausgeliefert. Sie müssen aushandeln, wie viel Nähe sie zulassen können und dürfen, was die Beziehung gleichsam gefährlich macht (vgl. Abschn. 5.2.2).

Das Verhältnis und der Umgang mit Nähe sind von Erfahrungen aus der Vergangenheit geprägt, die häufig bei den Kindern und Jugendlichen negativ konnotiert sind.

„Also die Kinder, die bei uns jetzt in der Intensivgruppe leben generell, die hierherkommen, sind oft Kinder, die auf der Beziehungsebene schwer traumatisiert sind. Und die oft Bindungsstörungen haben verschiedenster Art und die große Schwierigkeiten haben [...] wieder darauf zu vertrauen, dass der Erwachsene, auf den sie dann treffen, erstmal nichts Böses will" (FK 1, Abs. 23).

Nähe im Heimalltag beschreibt etwas, was die jungen Menschen in ihren Herkunftsfamilien teilweise nicht erfahren haben und sich dann von den Fachkräften einholen, in bestimmten Situationen sogar einfordern (vgl. FK 2, Abs. 12). Fachkraft 6 verdeutlicht diesen Aspekt in seinen Ausführungen: *„[I]ch hole mir das nochmal wieder als Kind, was ich vielleicht in der Familie nicht bekommen habe"* (FK 6, Abs. 17). An dieser Stelle wird der Bezug zu der zuvor beschriebenen Kategorie *Beziehung als Arbeitsgrundlage* deutlich, die das Herstellen von Nähe und Distanz als zentrale Aufgabe der Pädagog*innen darstellt. Gleichzeitig können die Fachkräfte in den Wohngruppen Nähe nicht in dem Maß, in dem

Kinder und Jugendliche es brauchen, gewährleisten. Dies spiegelt den inhaltlichen Charakter der *gedrosselten Beziehung* wider. Zu viel Nähe würde einen Verlust des zuvor beschriebenen Jobcharakters auf struktureller Ebene und damit auch den Verlust der Professionalität der Fachkräfte bedeuten. Dennoch wird das Grundbedürfnis nach Nähe von den Fachkräften wahrgenommen und aus fachlicher Überzeugung erfüllt: *„natürlich braucht das Kind vielleicht gerade, wenn es so bedürftig ist, trotzdem irgendwie körperliche Nähe"* (FK 3, Abs. 23). Die pädagogische Arbeit zeichnet sich dadurch aus, dass den Kindern und Jugendlichen korrigierende Beziehungserfahrungen ermöglicht werden, die vergangene Erfahrungen kompensieren und die Bedürfnisse in dem Maß, in dem es in der Heimerziehung möglich ist, befriedigen sollen. Die Assoziationen von Fachkraft 1 spiegeln den Aspekt der korrigierenden Beziehungserfahrungen wider:

„[Da] es für das Kind ja auch wichtig ist »ey du hast zwar vielleicht total den Mist gebaut« oder weiß nicht was, aber du bist uns trotzdem nicht egal, wir wollen trotzdem wissen, wie »wie geht's dir« oder wie »wie geht's weiter« so, weil man lässt ja ein Kind, auch wenn was Schlimmes passiert ist, nicht fallen so" (FK 3, Abs. 25).

Das Nähebedürfnis der Kinder und Jugendlichen unterscheidet sich von Fachkraft zu Fachkraft, „die gucken sich das schon aus, zu wem hab ich eine ehm besondere Nähe, bei wem fühle ich mich vertraut und da öffne ich mich erst richtig mit meinen emotionalen Belangen" (FK 4, Abs. 17).

Bei der Analyse der Interviews stellen wir fest, dass das Maß an Nähe stark am jeweiligen Alter des jungen Menschen ausgerichtet wird. Inwiefern und in welcher Intensität Nähe von den Fachkräften zugelassen wird, ist altersbedingt unterschiedlich. Ebenso auch das Nähebedürfnis der jungen Menschen, welches sich mit zunehmendem Alter verändert. Fachkraft 3 geht während des Interviews auf diesen Aspekt ein und beschreibt:

„Bei den Jüngeren habe ich da weniger ein Problem, die dann noch so bedürftiger sind und wo man auch denkt, okay die sind halt wirklich noch klein, das ist für mich dann okay. Das ist für mich so kindlich dieses noch im Nest sitzen so ein bisschen" (FK 3, Abs. 15).

Ebenso stellt Fachkraft 5 heraus, „wenn ich da einen dreizehnjährigen Jungen habe, […] den ich ins Bett bringe, der kriegt von mir jetzt auch nicht unbedingt eine Gute-Nacht-Geschichte, sondern da habe ich ein anderes Ritual mit ihm" (FK 5, Abs. 18). Insgesamt wird hier die gedrosselte Beziehung deutlich, indem Nähe altersbedingt nur begrenzt zugelassen wird. Jüngere Kinder dürfen die Nähe bei den Fachkräften suchen, dabei werden bspw. Umarmungen oder das

Streicheln des Rückens toleriert. Bei älteren Kindern und Jugendlichen hingegen verhalten sich die Fachkräfte distanzierter und wägen ab, in welcher Form das Nähebedürfnis befriedigt werden kann und ab wann eine Grenze gezogen werden muss (vgl. FK 4, Abs. 33). Folgendes Zitat verdeutlicht den altersabhängigen Umgang mit Nähe:

> *„Moment mal, ich habe dich gerne und ich nehme dich gerne, wenn du es gerade brauchst, wenn es dir schlecht geht [...] in den Arm, alles gut. Aber das passt nicht (lachen) du bist zu alt, du kannst dich nicht bei mir auf den Schoß setzen"* (FK 3, Abs. 15).

Insgesamt wird deutlich, dass Nähe ein zentrales Thema bei den Kindern und Jugendlichen in Wohngruppen darstellt und regelmäßiger Kommunikation bedarf (s. Abschn. 5.3).

In der sozialpädagogischen Arbeit und vor allem im Umgang mit Nähe und Distanz stehen die Kinder und Jugendlichen im Mittelpunkt.

> *„Also ich meine in erster Linie geht es darum, dass es ehm den Kindern gut gehen soll und [...] dann würde ich mich da zurücknehmen, weil es geht nicht darum, dass ich meine Bedürfnisse befriedigen muss"* (FK 3, Abs. 26).

Hier wird die Drosselung der Beziehung und das asymmetrische Verhältnis deutlich. Die Fachkräfte stellen ihre eigenen Bedürfnisse zum Wohl der Kinder zurück.

> *„Also ich kann nicht wirklich hier nur meinen Job machen und sagen um Punkt 12 Uhr habe ich Feierabend und jetzt gehe ich auch, dass funktioniert tatsächlich nicht. Es braucht eine hohe Bereitschaft auch mal länger zu bleiben, den Konflikt zu Ende zu besprechen, nochmal einzuspringen, nochmal wiederzukommen, wenn die Themen das gerade irgendwie so brauchen"* (FK 1, Abs. 15).

Es ist wichtig, dass die Adressat*innen sich *„in ihren Bedürfnissen gesehen"* (FK 3, Abs. 27) fühlen. Im Fokus steht das, *„was das Kind halt braucht und was halt wichtig ist"* (FK 3, Abs. 27). Die Anzeichen nach dem Bedürfnis von Nähe und Distanz kommen von den Kindern und Jugendlichen selbst. Die Fachkräfte nehmen sich zurück und passen ihr Verhalten entsprechend den Bedürfnissen der jungen Menschen an. *„Es gibt Kinder in der Gruppe, die umarme ich erst nach 1,5 Jahren, weil ich merke jetzt kommt das Signal eigentlich von denen erst"* (FK 6, Abs. 28). Diese Betrachtungsweise macht erneut das asymmetrische Verhältnis der Nähebedürfnisse deutlich. Die Fachkräfte lassen sich auf Nähe ein, um den Bedürfnissen der Klient*innen zu begegnen. Sie selbst befriedigen ihre Bedürfnisse nach Nähe in privaten Beziehungen und sind somit nicht auf die Beziehungen zu den Kindern und Jugendlichen angewiesen. Es handelt sich um eine *gedrosselte Beziehung* im Sinne der jungen Menschen, in der Rückzug und Distanzierung der Kinder akzeptiert werden. Gleichzeitig signalisieren die Fachkräfte, dass sie da sind, wenn Nähe benötigt wird. Diese Nähe fordern die Kinder überwiegend in der Zu-Bett-Geh-Situation ein, die die Kategorie *Nähe als Fundament der Beziehung* nochmals verdeutlicht.

> *„Eine Situation, also was ich auf jeden Fall mit Nähe verbinde, sind sehr deutlich die Schlafenssituationen. Also die Situationen, wo du die Kinder abends ins Bett bringst, die sind besonders nah"* (FK 1, Abs. 11).

Diese Situationen werden von allen Fachkräften als *„Schlüsselsituationen"* (FK 1, Abs. 7) beschrieben, die durch ein hohes Maß an Nähe gekennzeichnet sind (vgl. FK 2, Abs. 14; FK 3, Abs. 11; FK 4, Abs. 27; FK 5, Abs. 9; FK 6, Abs. 17). In der Zu-Bett-Geh-Situation geht es unter anderem darum *„nochmal den Tag zu besprechen"* (FK 1, Abs. 11), aber es gibt auch körperlich nahe Momente, in denen sich die Kinder *„bei dir auf den Arm legen, in den Arm legen, sich an dich kuscheln, nochmal eingemummt werden wollen in die Decke, die was vorgelesen bekommen, die massiert werden"* (FK 1, Abs. 11) möchten. Das Maß an Zuwendung, dass die Kinder hier einfordern, ist sehr individuell. Während manche Kinder sich wünschen, dass die Fachkraft beim Zu-Bett-Gehen an der Bettkante sitzt, benötigen andere Kinder oder Jugendliche diese Nähe nicht in gleichem Ausmaß. Aufgabe der Fachkräfte ist es, besonders diese Situationen zu reflektieren *„wie nah darf ich ran gehen, wo darf ich sitzen"* (FK 1, Abs. 7). Zu-Bett-Geh-Situationen sind 1:1-Situationen, in denen Fachkräfte auf die Nähebedürfnisse der Kinder und Jugendlichen eingehen und somit das Fundament der Nähe stärken können.

Nähe als Fundament der Beziehung macht die eine Seite des Dilemmas auf inhaltlicher Ebene deutlich. Kinder brauchen Nähe und dieses Nähebedürfnis muss von den Fachkräften befriedigt und zugelassen werden. Nähe ist ein notwendiger Bestandteil der Beziehungsgestaltung in der stationären Heimerziehung, sorgt aber ab einem gewissen Maß dafür, dass die Work-Life-Balance der Fachkräfte scheitert. Das Spannungsverhältnis von Nähe geben und gleichzeitig die richtige Distanz zu wahren, ist eine große Herausforderung für die Pädagog*innen. Denn das Zulassen von Nähe und der Aufbau von Beziehungen zu den Kindern und Jugendlichen, kann auch gefährlich sein, was die nachfolgende Kategorie auf der anderen Seite des Dilemmas beschreibt.

5.2.2 Beziehung ist gefährlich

Die andere Seite des Dilemmas begründet sich in der Kategorie *Beziehung ist gefährlich*. Die Begrifflichkeit der Gefahr erscheint uns hier passend. Die Gefahr in der Beziehungsgestaltung wird in dem erhöhten Risiko für Retraumatisierung, einer außergewöhnlichen Anstrengung in der Differenzierung des privaten und beruflichen Beziehungsnetzes und in persönlichen Grenzen von Fachkräften und ihren Adressat*innen vermutet. Es handelt sich um ein risikoreiches Unterfangen, dem die Fachkräfte ausgesetzt sind. So sehr Kinder und Jugendliche im Kontext der stationären Heimerziehung auf Beziehungen angewiesen sind, so bringen diese auch *„immer ein großes Risiko in meinen Augen"* (FK 2, Abs. 8) und *„immer wieder auch Probleme"* (FK 2, Abs. 8) mit sich.

> *„[Wenn] jeder so ein bisschen sein Ding macht. Der eine extrem, extrem nah ist und jeder das so machen könnte, wie er mag, wenn man sich darüber gar nicht austauschen würde. Dann wäre es sehr grenzenlos und gefährlich"* (FK 1, Abs. 21).

Im Folgenden werden die spezifischen Merkmale der gedrosselten Beziehung, die das Gefährliche in der Beziehung ausmachen, in der inhaltlichen Dimension vorgestellt. Dazu werden die drei zentralen Gliederungsaspekte umrahmt.

a) Beziehung im Heim kann retraumatisierend sein.

Die Kinder und Jugendlichen, die im Rahmen stationärer Heimerziehung untergebracht werden, bringen unterschiedliche Beziehungserfahrungen mit. Diese sind häufig negativ konnotiert und bilden einen der Gründe des stationären Aufenthaltes (s. Abschn. 2.1.3). Durch die Vorerfahrungen der Adressat*innen müssen Fachkräfte darauf achten, *„dass man dem Kind nicht zu doll, zu nah auf die Pelle rückt"* (FK 3, Abs. 7), damit die entstehenden Beziehungen nicht retraumatisierend und gefährlich für die jungen Menschen sind.

> *„Man bringt die Kinder sehr nah ins Bett, man massiert die. Das sind oft Settings, in denen dann früher auch schlimme Dinge passiert sind, wenn mir die Person so nah war"* (FK 1, Abs. 23).

Um den Kindern und Jugendlichen korrigierende Beziehungserfahrungen zu ermöglichen, muss zunächst ein Gefühl von Sicherheit und Wohlfühlen in der Wohngruppe gegeben sein, damit sie Vertrauen zu den Fachkräften gewinnen und ein Beziehungsaufbau realisiert werden kann. Dies funktioniert nur, wenn der Beziehungsaufbau vorsichtig, langsam und kleinschrittig stattfindet. An dieser Stelle wird die *gedrosselte Beziehung* sichtbar. Beim Beziehungsaufbau wird nichts überstürzt, er findet gedrosselt statt und stellt einen Prozess dar, der den Fachkräften viel Zeit abverlangt. *„Also wenn wir neue Kinder bekommen, dann finde ich erstmal wichtig den[en] schon zu vermitteln, wir kennen uns noch nicht, man muss dann Abstand erstmal wahren"* (FK 5, Abs. 7). Dazu kommt, *„dass wir uns erstmal kennenlernen, dass alles eine gewisse Zeit braucht, [...] damit wir eine Beziehung in irgendeiner Form, ja entwickeln können"* (FK 5, Abs, 7). Die Kinder, die in Heimeinrichtungen leben, müssen ein Gefühl dafür entwickeln, *„wie reagiert ein Erwachsener bei welchem Verhalten? [...] da sie ja auch traumatisiert sind"* (FK 5, Abs. 7). Eine Drosselung der Beziehungsgestaltung zeigt sich darin, dass die Beziehung über Anknüpfungspunkte (vgl. FK 2, Abs. 10) aufgebaut wird. Der Beziehungsaufbau und das In-Kontakt-Treten mit den Adressat*innen erfolgt über *„vorsichtige Angebote"* (FK 1, Abs. 7) und *„meistens über persönliche Interessen"* (FK 2, Abs. 10) wie z. B. gemeinsame Aktivitäten. Fachkraft 6 beschreibt solche vorsichtigen Beziehungsangebote wie folgt: *„Ich nutze gerne so ein Medium [...] Kletterfelsen und ehm ich find darüber läuft ziemlich viel Vertrauen und Beziehung"* (FK 6, Abs. 15). Andere Fachkräfte gestalten den Beziehungsaufbau mithilfe anderer Strategien. Bspw. über Kontakte, die durch andere Kinder bzw. Jugendliche zustande kommen oder anhand niedrigschwelliger Beschäftigungsangebote (vgl. FK 1, Abs. 7; FK 2, Abs. 10; FK 6, Abs. 15), *„weil das einfach ungefährlicher ist"* (FK 1, Abs. 7).

b) Beziehung macht verfangen.

Die Kategorie *Beziehung ist gefährlich* wird immer wieder deutlich in den Äußerungen der Fachkräfte, in denen ihr Verfangen sichtbar wird:

> *„[Beziehungen] bergen auch da immer ein großes Risiko in meinen Augen, was es schwierig macht manchmal Privat und Arbeit voneinander zu trennen, weil die Beziehung mit der Zeit wächst"* (FK 2, Abs. 8).

In der Erzählung von Fachkraft 1 wird ein weiterer, zentraler Aspekt der Gefahr sichtbar. Sie beschreibt individuelle Situationen *„und die sind besonders nah, die gehen auch besonders nah, die gehen unter die Haut"* (FK 1, Abs. 11). Diese Aussage verdeutlicht, dass Beziehungen zu den Kindern und Jugendlichen auch verfangen machen können. Nahe Beziehungen sorgen für eine emotionale Verstrickung und damit zum Verlust der professionellen Distanz *„und das ist auch so gefährlich tatsächlich"* (FK 1, Abs. 27). Das Fehlen von professioneller Distanz wird in den Interviewpassagen immer wieder deutlich. Es kann passieren, dass sich Fachkräfte sowohl mental als auch emotional unzureichend vom Arbeitskontext abgrenzen können. *„Finde das ganz normal [...], dass man zuhause nicht abschalten kann [...] und noch viel drüber nachdenkt"* (FK 5, Abs. 25). Durch den intensiven Kontakt zu den Kindern und Jugendlichen *„wird das immer immer schwieriger sich da angemessen zu distanzieren"* (FK 2, Abs. 12). Die Fachkräfte lernen ihre Adressat*innen mit der Zeit und der Dauer des Aufenthaltes in der Einrichtung immer besser kennen. Je länger die Kinder und Jugendlichen in den Wohngruppen leben, desto intensiver und enger wird die Beziehung zu ihnen und umso schwerer fällt die Abgrenzung (vgl. FK 1, Abs. 23). In diesem Zusammenhang wird auch den Fachkräften deutlich, dass die Kinder und Jugendlichen Angst vor Beziehungsabbrüchen haben. Je *„mehr die Kinder das Gefühl haben, oh ich mag die Person und die tut mir gut, [...] desto beängstigender ist die Beziehung auch"* (FK 1, Abs. 23). Die Beziehung zu den Fachkräften ist elementar für die jungen Menschen und *„wenn die jetzt wegbrechen würde, dann wäre das total schlimm"* (FK 1, Abs. 23). Auch die folgende Nacherzählung einer Fachkraft über die Aussage ihres Bezugskindes macht die Angst vor erneuten Beziehungsabbrüchen deutlich: *„Ok du hast geheiratet, bist du dann jetzt schwanger und bist dann jetzt weg?"* (FK 1, Abs. 27).

Im Umkehrschluss erschwert das Heimsetting ebenso die Trennung von Privat- und Berufsleben bei den Fachkräften. Fachkraft 3 bestätigt die Aussage: *„das verschwimmt, bis ich meine Tasche packe und gehe. Dann ist es wieder da, aber im Dienst selbst verschwimmt das"* (FK 3, Abs. 27). Die professionelle Distanz immer ausreichend zu wahren, benennen die Fachkräfte als schwierig,

> *„weil man hier mit den Kindern gemeinsam lebt [...] dann bin ich 24 Stunden eigentlich, ja ich wohne dann hier. Das ist dann in dem Moment meine Wohnung mit den Kindern. Ich führe die Kinder durch den Tag, ich mache mit denen das Mittagessen, ich mache mit denen das Abendessen, ich bringe jedes Kind ins Bett, ich wecke die am Morgen und wir frühstücken"* (FK 1, Abs. 9).

Die Fachkräfte verbringen eine intensive Zeit mit den Kindern und Jugendlichen und arbeiten in engem Kontakt zu ihnen. Sie ermöglichen den jungen Menschen günstige Entwicklungsbedingungen. In diesem Kontext bauen sie Beziehungen zu ihnen auf, die zunächst durch ihre Struktur des Jobcharakters als Arbeitsbeziehungen gelten (Abschn. 5.1), aber *„natürlich auch irgendwie mehr [sind] sozusagen"* (FK 3, Abs. 5). Das familienähnliche Setting in der Heimerziehung kann zu Distanzverlust während der Dienstzeiten führen. Das spiegelt den gefährlichen

Aspekt innerhalb der Beziehung im Heim wider. Es gibt Situationen, in denen Fachkräften die Abgrenzung, vor allem auf einer Gefühlsebene, schwerfällt:

> *„Wenn man sich sehr bemüht hat, um ein Kind, sich total Mühe gegeben hat und merkt boah das geht dem Kind völlig am Arsch vorbei, dann geht mir das schon auch ein Stück weit nah"* (FK 3, Abs. 11).

Einerseits ist es der Beziehungsgrundlage geschuldet, dass die Fachkräfte dazu neigen, das Verhalten der jungen Menschen auf persönlicher Ebene zu deuten. Andererseits liegt es auch daran, dass sie sich selbst als Person für die Beziehung zu ihren Klient*innen anbieten müssen. Sie geben einen Teil ihrer Persönlichkeit preis, was eine vollständige Abgrenzung erschwert oder unmöglich macht. Auch das folgende Zitat verdeutlicht den gefährlichen Aspekt der emotionalen Verstrickung: *„Also was ein Vorwurf ist, der oft zieht, […] ist […] dieser Vorwurf ehm»ja du arbeitest ja hier, ja du machst das ja nur, weil du Geld dafür kriegst«"* (FK 3, Abs. 11). Es zeigt sich, dass Beziehungen mit Emotionalität verknüpft sind und somit verletzlich und angreifbar machen können. Die Fachkraft ist durch gezielte Äußerungen der Adressat*innen auf persönlicher Ebene verletzt.

Die dargestellten Aspekte verdeutlichen das Dilemma der Beziehungsgestaltung. Die Fachkräfte haben deutliche Schwierigkeiten damit, die geforderte Distanz zu wahren und es besteht eine erhöhte Gefahr, dass sie sich in den Beziehungen zu den Kindern und Jugendlichen verlieren. Dabei sind Momente der Distanzierung elementar für die Beziehungsgestaltung in der Heimerziehung, um ein angemessenes Maß an Nähe zu den Adressat*innen zuzulassen und Professionalität zu gewährleisten. Denn Heimerziehung ist *„keine Familie und darf es auch nicht sein"* (FK 1, Abs. 9). Sie unterliegt gesellschaftlichem Legitimationsdruck, was die Kernkategorie der *gedrosselten Beziehung* in ihrer inhaltlichen Dimension beschreibt.

c) Beziehung wird von persönlichen Grenzen bestimmt.

Das Maß an Nähe und Distanz ist von persönlichen Grenzen bestimmt. Sowohl die Grenzen der Fachkräfte als auch die der Kinder und Jugendlichen nehmen Einfluss auf die Beziehungsgestaltung. Dies wird exemplarisch von Fachkraft 1 bestätigt: *„Persönliche Grenzen gibt es auf jeden Fall"* (FK 1, Abs. 15). Individuelle Grenzen der jungen Menschen im Heim werden dabei im Umgang mit Nähe und Distanz berücksichtigt und toleriert: *„würde ich total respektieren [...], ja ich würde es einfach respektieren"* (FK 4, Abs. 33). Persönliche Grenzen der Fachkräfte bestimmen aber auch das Maß an Nähe und Distanz, das gegeben wird, denn *„es heißt auch manchmal den Schritt zurück [zu gehen] und zu sagen»da habe ich meine Grenze, das musst du dann auch respektieren als Kind oder Jugendlicher«"* (FK 6, Abs. 21). Fachkraft 1 schildert ein weiteres Beispiel: *„Bei mir persönlich ist es so, dass ich einfach irgendwann für mich auch körperlich Abstand brauche. Also ich kann mich nicht den ganzen Tag umzingeln und drücken lassen"* (FK 1, Abs. 15). Diese Grenzen werden durch das persönliche Gefühlserleben beeinflusst, weil *„das macht man ja auch aus [...] einem guten Gefühl heraus, dass man die manchmal ein bisschen distanzierter hat"* (FK 4, Abs. 27). Die Grenzsetzung der Fachkräfte sorgt für Distanzierung und führt teilweise zu einer Zurückweisung von Bedürfnissen der Kinder und Jugendlichen. Es besteht die Gefahr, dass die Grundbedürfnisse der Kinder und Jugendlichen nach körperlicher und emotionaler Nähe nicht angemessen befriedigt werden können, was zum einen das Dilemma verdeutlicht und gleichzeitig ein Charakteristikum der *gedrosselten Beziehung* darstellt (vgl. FK 1, Abs. 15; FK 6, Abs. 17). An welcher Stelle Fachkräfte ihre persönliche Grenze ziehen, ist von Person zu Person unterschiedlich.

„Ich würde zum Beispiel kein Kind irgendwie auf die Stirn küssen oder auf den Kopf küssen, solche Sachen. Wo es durchaus auch Kollegen gibt, die da andere Grenzen haben, oder die das, wenn die Situation es erlaubt sogar mal machen würden" (FK 1, Abs. 15).

Individuelle Grenzen in der Beziehungsarbeit im Heim sorgen dafür, dass den jungen Menschen kein stringentes Verhalten der Fachkräfte entgegengebracht werden kann. Das persönliche Empfinden, die Erfahrungen und die aktuelle Gefühlslage spielen im Umgang mit Nähe und Distanz eine zentrale Rolle. Wie viel Nähe darf den Kindern gegenüber zugelassen werden? Wie viel Nähe kann ich als Fachkraft mit gutem Gewissen geben? Wann muss ich als Fachkraft Distanz wahren? Wo sind meine Grenzen? Welche Gefühle und Emotionen habe ich in bestimmten

Situationen? Die Fragen verdeutlichen, dass dem Zulassen von Nähe und der Wahrung von Distanz immer ein individueller Aushandlungsprozess zugrunde liegt. Durch Grenzen gewährleisten die Fachkräfte, dass die Beziehung zu ihren Adressat*innen nicht zu nah und damit auch nicht gefährlich wird.

Dass Beziehung gefährlich sein kann, zeigt sich in Berichten der Fachkräfte über den Umgang mit intimen Themen. Darunter fallen körperliche Berührungen, die persönliche Grenzen überschreiten, wie z. B. das Berühren der Brust einer weiblichen Fachkraft, Küsse sowie sexuelle Phantasien (vgl. FK 1, Abs. 15; FK 3, Abs. 15, 23; FK 6, Abs. 28). Die Fachkräfte verdeutlichen, dass Intimität in der Heimerziehung einer gesonderten Betrachtung bedarf. Intimität wird von allen Interviewpartner*innen als Grenzüberschreitung wahrgenommen: *„körperliche Sachen das ist ein absolutes No-Go"* (FK 6, Abs. 19). Es ist eine nahe Angelegenheit, bei der sich persönliche Grenzen der Fachkräfte herausstellen und eine Art Legitimationsdruck aufkommt, denn häufig waren es intime Momente in der Vergangenheit der Adressat*innen, in denen traumatische Erfahrungen gemacht wurden. *„Also wenn wir jetzt einen 18-Jährigen haben und ich bin 26 und ich will nicht, dass da irgendwelche Gedanken durchgehen oder dass da irgendwelche Phantasien entstehen oder was, das möchte ich nicht"* (FK 3, Abs. 15). Beziehungen werden also sowohl auf körperlicher als auch auf emotionaler Ebene auf Abstand gehalten. Es darf nicht zu nah werden, damit ein ausgewogenes Nähe-Distanz-Verhältnis gewährleistet werden kann.

Der Legitimationsaspekt spielt gerade im Kontext persönlicher Grenzen eine handlungsleitende Rolle, der auch in den Interviews immer wieder hervorgehoben wird. Fachkraft 1 verdeutlicht das anhand der *„Tatsache, dass man sich auch zu jedem Zeitpunkt, für jede Intervention rechtfertigen muss"* (FK 1, Abs. 13). Das Zitat beschreibt die Gefahr treffend. Auf gesellschaftlicher Ebene sorgt das professionelle Setting der stationären Heimerziehung durch den fachlichen Auftrag für Legitimationsdruck und bestimmt die persönliche Grenzsetzung der Fachkräfte mit. Die Fachkräfte erlangen Legitimation über die Offenlegung ihres Handelns und ihrer Entscheidungen. Sie handeln im öffentlichen Interesse und in einem vulnerablen Handlungsfeld, sodass sie ihre Fachlichkeit und Professionalität unter Beweis stellen müssen. Vor diesem Hintergrund können wir folgende Aussagen einordnen: *„Ich habe selten Schwierigkeiten damit, außerhalb der Dienstzeiten abzuschalten"* (FK 2, Abs. 31) und *„ich war halt noch nie in der Situation, dass mich das jetzt emotional so krass persönlich privat mitgenommen hat muss ich sagen"* (FK 3, Abs. 25). Die Fachkräfte legitimieren ihr Verhalten unterbewusst und betonen im Gespräch vermehrt, dass sie Distanz wahren und sich im Privatleben klar von dem Wohngruppenalltag abgrenzen können. Dieser Anschein wird teilweise durch Erzählungen der Fachkräfte selbst widerlegt. Legitimation von vermeintlicher Professionalität gegenüber Dritten ist ein großes Thema. Wir haben den Eindruck, dass das bewusste Hervorheben eigener Professionalität zum Teil als innerer Selbstschutz der Fachkräfte gegen Distanzverlust eingesetzt wird. Zudem zeigt sich die Notwendigkeit von einer Trennung zwischen Privat- und Berufsleben.

> *„Also natürlich ist es schon so, dass man nach der Arbeit nach Hause geht und jetzt nicht irgendwie abends ewig lange wachliegt und noch darüber nachgrübelt, das habe ich nicht. Also ich kann das halt schon, finde ich, so ganz gut trennen"* (FK 3, Abs. 5).

Die Nähe-Distanz-Thematik sorgt im Allgemeinen für Unsicherheiten und kann bei Fachkräften Legitimationsdruck auslösen. Das zeigt diese beispielhafte Reaktion auf eine Interviewfrage: *„[F]inde ich ganz schwierig zu beantworten die Frage"* (FK 2, Abs. 18). Indem die Fachkräfte ihre Unsicherheit bei der Beantwortung einer Interviewfrage aussprechen, gewinnen sie Zeit, erneut nachzudenken und damit sozial erwünschte Antworten geben zu können. Das spiegelt aber nicht nur den Legitimationsdruck wider, sondern zeigt auch die Sensibilität der Thematik auf und ist ggf. dem persönlichen Gesprächssetting geschuldet. Einige Rückmeldungen nach den Interviews bestätigen dies, z. B.:

> *„Ich fand es ein krasses Interview, schon echt schwierig muss ich mal sagen. Die Fragen sind ganz schön, also nicht fies, aber sehr sehr offen gestellt, was es einem wirklich schwierig macht, das komplette Spektrum der Arbeit irgendwie darzulegen"* (FK 2, Abs. 33).

Durch die Analyse und Interpretationen der erhobenen Daten nehmen wir wahr, dass die Fachkräfte in bestimmten Situationen Schwierigkeiten haben ihre professionelle Distanz zu wahren. Das Spannungsfeld von Nähe und Distanz erfordert eine klare Positionierung, die von Fachkraft zu Fachkraft unterschiedlich ist und anhand individueller Grenzen ausgehandelt wird. Es fehlt an Kausalketten darüber, *„wie man das dann löst oder das regelt"* (FK 3, Abs. 9), weil *„es da oft kein richtig oder falsch gibt, obwohl natürlich diese Extreme nicht sein dürfen"* (FK 3, Abs. 9). Professionelles Handeln ist ein *„Jonglieren"* (FK 2, Abs. 12). *„Wenn du von dem einen zu viel hast, hast du manchmal von dem anderen zu wenig"* (FK 2, Abs. 12). Und genau das ist die besondere Herausforderung in der Arbeit im stationären Heimsetting. Ein ausgewogenes Maß an Nähe und Distanz zu finden, damit *gedrosselte Beziehung* dem permanenten Legitimationsdruck und den beschriebenen Gefahren standhalten kann.

5.3   Beziehung als Lernfeld

Die Kategorie *Beziehung als Lernfeld* liefert ein Deutungsangebot in einer praktisch orientierten Handlungsdimension. Darin ist erkennbar, wie die *gedrosselte Beziehung* im Alltag der stationären Heimerziehung gelebt wird und welche Handlungsanforderungen um die Pole Nähe und Distanz gelten. Die Beziehungsgestaltung im Heim – *„ich glaube, dass das ein Lernfeld ist [...] ich glaube, dass man das vielleicht auch nicht immer sofort kann"* (FK 5, Abs. 13). Die Arbeit im Spannungsfeld von Nähe und Distanz stellt eine Herausforderung dar, die erst im praktischen Alltag erlernt werden muss, denn es *„heißt nicht Jugendhilfe ist immer nur Nähe und ehm Füllen"* (FK 6, Abs. 21). Gerade *„junge Kollegen [müssen] irgendwie auch ehm das gut verinnerlichen und direkt auch verstehen, ehm dass sie hier den Kindern auch helfen können, wenn wir eine Distanz auch wahren"* (FK 6, Abs. 21). Distanz wird dabei als Medium verstanden, dessen bewussten Einsatz Fachkräfte erlernen müssen, um der Tätigkeit in der Heimerziehung langfristig nachgehen zu können. Verliert die Fachkraft diesen festen Bestandteil „Distanz" und es heißt *„immer nur [...] Füllen"* (FK 6, Abs. 21), verliert sie Professionalität und Abgrenzung zum privaten Setting. *„Also wenn man immer das Gefühl hat, es ist schwierig hier und ich gehe nach Hause und ich kriege es nicht weg, ehm dann ist das auf Dauer nicht so gesund. Und vielleicht auch nicht der richtige Job"* (FK 1, Abs. 47). Nähe und Distanz bedeuten unausweichliche Bausteine der Beziehungsarbeit. Fachkräfte drosseln das Beziehungsgeschehen dabei durch den Einsatz professioneller Distanz. Die Distanzwahrung stellt einen Lernprozess für die Fachkräfte dar, welchen es zu bewältigen gilt (vgl. FK 1, Abs. 47; FK 6, Abs. 28). *„Das ist ein langer langer Weg und ein langer langer anstrengender Weg"* (FK 6, Abs. 29). Den Einsatz von Nähe und Distanz erlernen Fachkräfte erst über Berufserfahrung und die Kontinuität, die mehr Sicherheit im Umgang erbringt. *„[D]ie etwas älteren Kollegen, die haben das immer relativ schnell klar – Nähe und Distanz"* (FK 6, Abs. 21), äußert sich Fachkraft 6 in ihren Überlegungen zur Nähe-Distanz-Antinomie. Fachkraft 1 untermauert diesen Gedanken als sie betont, dass *„man im Umgang damit einfach geübter wird"* (FK 1, Abs. 47). Es braucht eine gewisse Zeit und Routine im Arbeitsalltag.

Das Beziehungsverhalten der Fachkräfte stellt auch ein Lernfeld dar, in dem die jungen Menschen neue Beziehungserfahrungen sammeln und Beziehungsaufbau erlernen. Fachkräfte müssen es lernen sich zwischen den Polen Nähe und Distanz zu positionieren: *„[D]ass man sagt so»joa ihr kennt euch jetzt ne Woche« [...], ist vielleicht schon ein bisschen zu nah. So wie soll ein Kind das dann verstehen, dass man sich ja eigentlich auch nochmal besser kennenlernen kann"* (FK 5, Abs. 13). Es gilt den Kindern und Jugendlichen transparent zu machen, dass

Beziehungsaufbau zu fremden Personen herausfordernd ist. Fachkräfte fungieren dabei als Vorbilder, die den jungen Menschen ein vorsichtiges Herantasten an Beziehungen und den Aufbau von Vertrauen übermitteln sollen. Die Kinder und Jugendlichen im Heim sollen wissen, *„dass es eigentlich auch schwer für das Kind ist zu sagen:»ich muss diesen Schritt ja machen«, und sagen»ich muss diesem Menschen vertrauen, mich öffnen können«"* (FK 6, Abs. 15). Erst dann kann eine Beziehung zu Pädagog*innen im Heim aufgebaut werden.

Die Kategorie *Beziehung als Lernfeld* im Heimsetting zeigt sich in zwei unterschiedlichen Strängen, hier als Subkategorien bezeichnet. Dabei bedarf es einem stetigen Reflexionsprozess und eines sogenannten In-Sprache-Bringens der Beziehungsgestaltung. Die beiden Subkategorien werden nachfolgend beschrieben.

5.3.1 Stetiger Reflexionsprozess

Die Fachkräfte beschreiben Beziehungsarbeit als Prozess, der ständige Reflexion des eigenen Handelns erforderlich macht. Zunächst geht es darum, sich selbst als Person zu reflektieren, also *„was bringe ich mit, was ist so meine Beziehungsgestaltung überhaupt, meine Beziehungsart, meine Beziehungserfahrung"* (FK 1, Abs. 9). Die Arbeit im Handlungsfeld der Heimerziehung verlangt den Fachkräften ab, ihre eigene Person reflektiert für die Beziehung zu den jungen Menschen einzusetzen.

> *„Also man muss in der Lage sein sich auf Beziehungen einlassen zu können und man muss auch bereit sein, was von sich preiszugeben und mit sich als Person, also sich als Person mit seinen Stärken und Schwächen auch anzubieten"* (FK 1, Abs. 15).

Sich selbst anzubieten und einen Teil der Persönlichkeit für die Beziehungsgestaltung preiszugeben, bedarf einer Gratwanderung zwischen Nähe und Distanz, denn das *„verschwimmt tatsächlich, weil wir dann wirklich 24 Stunden intensivst mit denen dort zusammenleben"* (FK 1, Abs. 27). Dennoch setzen die Fachkräfte ihre Persönlichkeit für die Beziehung zu ihren Adressat*innen gezielt ein. Fachkraft 4 nennt ein Beispiel dazu: *„[W]enn ich ein Hobby mache oder so [...] ein sportliches, das können sie natürlich wissen, weil dann sehen sie, die brauchen ja auch eine Orientierung irgendwie und können das als positives Vorbild sehen"* (FK 4, Abs. 23). Um einen gezielten Einsatz von Nähe und Distanz für die Beziehung zu Kindern und Jugendlichen zu gewährleisten, nutzen Fachkräfte ihr Team. Rückhalt im Team erfahren sie durch Gespräche, kurze Rückkopplungen in Entscheidungssituationen und einen regelmäßigen Austausch. Es gilt zu *„hinterfragen, ob sein eigenes Gefühl da richtig und angemessen ist"* (FK 3, Abs. 25) im Umgang mit den Klient*innen und *„ich glaube da braucht man einfach einen guten Austausch im Team"* (FK 1, Abs. 47). Zentrale Momente, in denen Fachkräfte Reflexionsbedarf spüren, drehen sich um persönliche Grenzen, nahe zum Teil fachlich fragliche Situationen und das persönliche Gefühlserleben. Sobald eine persönliche Grenze in Bezug auf Nähe überschritten ist, *„wird es für mich immer Zeit, sowas im Team zu reflektieren und zu besprechen"* (FK 2, Abs. 18). Ohne Reflexion wird die Gefahr gesehen, permanent in den persönlichen Grenzen verletzt zu werden (vgl. FK 6, Abs. 24). Reflexion bedeutet hier also Legitimationsabsicherung im sogenannten Vier-Augen-Prinzip, was zur fachlichen Sicherheit beiträgt.

Der reflektierte Einsatz von Nähe und Distanz bringt nicht nur die Drosselung der Beziehung mit sich, sondern sorgt auch dafür, dass Fachkräfte sich selbst schützen und abgrenzen können. Distanz zum Selbstschutz der Fachkraft, das *„ist glaube ich ganz wichtig, weil sonst steckt man zu nah drin"* (FK 3, Abs. 13). Zu viel Nähe bedeutet Distanzverlust in der Beziehung zu den jungen Menschen, weil *„es ist natürlich schon so, dass einem manche Sachen dann näher gehen, aber ehm ich glaube ganz wichtig ist, dass […] man das im Team bespricht und dass man fragt, woher auch das Gefühl von einem selber kommt"* (FK 3, Abs. 25). Genauso reflexionsbedürftig ist auch ein Beharren auf Distanz, das sich schädlich auf der Beziehungsebene auswirken kann. Fachkräfte beschreiben, dass ihnen der Austausch im Team hilft, um

> *„zu gucken, was hat das Kind eigentlich für positive Seiten, wie kann man da irgendwie wieder besser in Kontakt gehen und wie die Konflikte entschärfen. Dadurch funktioniert das dann eigentlich wieder besser in Beziehung gehen zu können"* (FK 4, Abs. 35).

Beziehung, wenn auch in einer gedrosselten Form, scheint das zentrale Fundament zu sein. Um das gewähren zu können, bedienen sich die Fachkräfte verschiedener Umgangsformen. Ein praktisches Instrument, das zur Reflexion im Team genutzt wird, ist die Übergabe. Hier tauschen sich die Fachkräfte beim sogenannten Schichtwechsel über die geschehenen Ereignisse mit den Kindern und Jugendlichen aus, die für die anstehende Arbeitszeit relevant erscheinen. Weil die Arbeit im Spannungsfeld von Nähe und Distanz einen stetigen Reflexionsprozess verlangt, *„sind halt auch tatsächlich Übergaben wichtig und ehm die Kollegen und ein gutes Team ist einfach das A und O"* (FK 4, Abs. 37). Diesen Balanceakt bewältigen Fachkräfte tagtäglich und beschreiben, dass das Gelingen maßgeblich davon abhängt, *„dass du mit Kollegen im Dienst bist, dass man sich nach*

Konflikten, sehr intensiven Gesprächen, sich immer wieder auch fachlich rückversichert, fachlich austauscht, fachlich reflektiert, im Team zusammenarbeitet" (FK 1, Abs. 13). Dieses Selbstverständnis der Teamarbeit und die Notwendigkeit dazu zeigen sich in den Aussagen aller Befragten. Sie nutzen Perspektiverweiterungen und Perspektivwechsel dafür, ihre Beziehungsarbeit distanziert, quasi aus einer Vogelperspektive, zu betrachten. Dadurch gewährleisten sie Professionalität und drosseln die Beziehung bis hin zu ihrem *Jobcharakter.* Denn *„es hilft oft, da nochmal auf Distanz zu gehen und das Ganze nochmal von außen zu betrachten [...] und nochmal von einer anderen Perspektive"* (FK 3, Abs. 13) zu schauen. Dafür sehen die Fachkräfte dritte Personen, wie bspw. Studierende im Praxissemester, als hilfreiche Ressource zur Perspektiverweiterung. Mit neutralem Blick treten diese in das System der Heimerziehung ein und bieten die Chance zur Überprüfung geltender Handlungsmuster. Fachkraft 3 beschreibt treffend:

> *„[W]enn Leute zum Beispiel – ich weiß nicht – ihr Praxissemester oder ihr Praktikum bei uns machen, ist eine der ersten Sachen, die ich denen auch sage: »bitte sagt, wenn euch irgendwas auffällt, wenn euch irgendwas komisch vorkommt oder wenn ihr irgendwas, wenn ihr echt sagt boah, das würde ich anders machen, das würde ich nicht so machen«, bitte sagt das"* (FK 3, Abs. 13).

Reflexionsprozesse sind in der Heimerziehung deshalb so elementar, weil es immer um Beziehung geht. Enge Beziehungen verführen zu Distanzverlust und können blind machen, sie können Professionalität außer Kraft setzen. Reflexion als eine implizite Handlungsanforderung in der Heimerziehung beschränkt sich dabei keinesfalls nur auf die Dienstzeiten der Fachkräfte. Es handelt sich um einen stetigen Prozess ohne Anfang und Ende, was folgende Aussage der Fachkraft 2 bestätigt: *„Wahrscheinlich wird mir im Laufe des Tages noch einiges einfallen"* (FK 2, Abs. 33). Der Lernprozess um den Einsatz von Nähe und Distanz in Beziehungen ist niemals vollendet. Er bleibt stetig als Aufgabe im Handlungsfeld Heimerziehung bestehen.

5.3.2 Nähe und Distanz In-Sprache-Bringen

Die Auseinandersetzung mit Nähe und Distanz ist ein großer Bestandteil der Beziehungsarbeit in der stationären Heimerziehung und erfordert neben der Reflexion auch offene Kommunikation und damit ein transparentes Verhalten der Fachkräfte gegenüber den Kindern und Jugendlichen. Dabei kommt der sprachlichen Kommunikation, die für den Umgang mit Nähe und Distanz eingesetzt wird, im Wohngruppenalltag eine große Bedeutung zu. *„Also vieles in Sprache bringen.»Ich setze mich jetzt mal dahin aus dem und dem Grund. Ist das und das für dich okay? Darf ich überhaupt reinkommen?«"* (FK 1, Abs. 7). Die Kommunikation wird als Medium verwendet, mit dessen Hilfe die Fachkräfte ihr Verhalten gegenüber den jungen Menschen transparent machen, also ihre Handlungen sprachlich untermauern. Gleichzeitig nutzen sie das sogenannte Spiegeln, um persönliche Grenzen und Gefühle transparent zu machen. *„Du ich bin gerade noch sauer auf dich, [...] wegen der Situation wegen unserem Streit, ich brauche nochmal einen kurzen Moment"* (FK 4, Abs. 35). Sie verdeutlichen ihre Position im Nähe-Distanz-Spannungsfeld, indem sie ihr eigenes Verhalten begründen. Ein weiteres Beispiel von Fachkraft 3 verdeutlicht den Prozess des In-Sprache-Bringens:

> *„[E]inmal Drücken können wir uns und einmal Drücken tu ich dich auch, aber ich möchte halt nicht, dass du dich irgendwie jetzt so an mich krallst [...]. Das möchte ich nicht"* (FK 3, Abs. 23).

Durch Kommunikation können Grenzen in Bezug auf Nähe und Distanz transparent gemacht werden und die Drosselung der Beziehung wird deutlich, z. B. *„du, ich nehme dich jetzt bis viertel vor in den Arm und dann ist gut"* (FK 2, Abs. 28). Zudem erfolgt eine klare Definition dessen, in welcher Form und welchem Umfang die Pädagog*innen Nähe fachlich vertreten und zulassen können, *„eine Umarmung ist okay, über alles andere müssen wir [...] reden"* (FK 2, Abs. 28). Das Zitat macht für uns deutlich, dass das Zulassen von Nähe offensichtlich auch mit Aushandlungen zwischen Fachkräften und ihren Adressat*innen verbunden ist. Was gibt das Handlungsfeld der Heimerziehung her? Welche Regeln bestimmen den Umgang mit Nähe? Welchen Spielraum habe ich als Fachkraft im Umgang mit Nähe und Distanz? Die Fragen machen das Spannungsfeld von Nähe und Distanz deutlich. Von zentraler Bedeutung ist dabei die Transparenz der Rolle der Fachkraft. Den Kindern und Jugendlichen deutlich zu machen: *„ich bin nicht in Konkurrenz mit deinen Eltern, deine Eltern bleiben deine Eltern. Ich werde aber trotzdem für dich hier sein und manche Dinge übernehmen müssen"* (FK 6, Abs. 15). Dies schafft Vertrauen und ist die Grundlage dafür, dass Beziehungen zu den Pädagog*innen, wenn auch gedrosselt, aufgebaut werden können. Zudem wird transparent gemacht, dass Familie und Heim nicht in Konkurrenz zueinanderstehen. Fachkräfte sind dazu angehalten in ihrem professionellen Handeln den jungen Menschen gegenüber mit offenen Karten zu spielen, sodass Loyalitätskonflikte der Kinder und Jugendlichen, zwischen den betreuenden Fachkräften und ihren Herkunftsfamilien, vermieden werden können. Ein Medium, was sich auf der Handlungsdimension in den Interviews herauskristallisiert hat, ist die Verwendung von Ich-Botschaften. Durch Ich-Botschaften begeben sich die Fachkräfte auf eine persönliche, vertraute Ebene mit den Kindern und Jugendlichen. Hier kann vorsichtig das Gefühlserleben geschildert, die Wahrnehmung der Bedürfnisse wertschätzend geäußert und der Umgang mit Nähe und Distanz in Sprache gebracht werden:

> „[I]ch merke, du willst gerade mich ganz feste drücken und ich glaube das ist vielleicht auch deine Art zu sagen, es tut mir total leid, dass wir uns im Moment so streiten. Nur ich brauche gerade eine Pause und das hat gar nichts mit dir zu tun, sondern mit mir. Ich [...] brauche die gerade. Und ich fände es schön, wenn wir uns vielleicht heute Abend, wenn ich dich ins Bett bringe mal drücken, aber dass ich jetzt gerade [...] nicht kann" (FK 1, Abs. 45).

Ich-Botschaften spiegeln das Empfinden der Fachkräfte auf offene und direkte Weise wider. Sie verdeutlichen die Positionierung im Spannungsfeld und wirken sich positiv auf die Beziehungsgestaltung aus. Das Medium der Kommunikation wird allerdings nicht nur genutzt, um das Verhalten und die Handlungen der Fachkräfte transparent zu machen. Es wird ebenso eingesetzt, wenn es um Bedürfnisse der Kinder und Jugendlichen geht. Zum Beispiel das Bedürfnis nach Nähe:

> „[D]u kannst mich gerade gar nicht loslassen, du würdest am liebsten wollen, ich bleibe die ganze Zeit bei dir und das kann ich auch gut verstehen, wenn du dich gerade irgendwie, wenn du das gerade brauchst" (FK 1, Abs. 40).

Andererseits aber auch der Wunsch nach Distanz, wie es Fachkraft 3 in einem Fallbeispiel verdeutlicht. Wenn es der Klientin gerade „gut geht und die gerade den Rückzug braucht, [...] dann würde ich mich da zurücknehmen [...]. Also wenn ich frage»wie geht's dir« und sie gar nicht mit mir reden will [...] dann lasse ich [sie in Ruhe]" (FK 3, Abs. 26). Die Aussagen der Fachkräfte machen deutlich, dass es in der Beziehungsgestaltung im stationären Heimsetting wichtig ist, sowohl den Umgang mit Nähe als auch mit Distanz sprachlich zu begleiten. Die Notwendigkeit der Transparenz verdeutlicht das Phänomen der Drosselung. Beziehung in der Heimerziehung ist auf Kommunikation angewiesen, ihre Einschränkung muss offengelegt werden, damit sowohl Kinder und Jugendliche als auch die Fachkräfte in ihrem gedrosselten Rahmen handeln können.

Die zentralen Merkmale der *gedrosselten Beziehung* enthalten diskussionswürdige Aspekte, die im nachfolgenden Kapitel aufgegriffen und unter Bezugnahme auf aktuelle Fachdiskurse beleuchtet werden.

Diskussion der Ergebnisse – Die gedrosselte Beziehung

6

Die Ergebnisse der Studie weisen diskussionswürdige Aspekte auf, die sich aus dem Kategoriensystem der drei vorgestellten Dimensionen ergeben. Um diese in den Diskurs zu bringen, hinterfragen wir die generierten Phänomene. Was bedeuten die Ergebnisse mit Blick auf das Handlungsfeld der Heimerziehung, in denen Kinder und Jugendliche ein Zuhause auf Zeit (vgl. Kap. 2) erfahren? Welche Bedeutung haben Nähe und Distanz für die Beziehung im Heim? Hierzu werden die Perspektiven der Fachkräfte zur Nähe-Distanz-Thematik in der Beziehungsgestaltung, die im Ergebnisteil (Kap. 5) analysiert wurden, in den Fachdiskurs gebracht. Der aktuelle Stand um die Thematik (Kap. 3) offenbart eine Forschungslücke mit Blick auf die gewählte Fragestellung (vgl. *Thole* et al. 2019; *Gräber* 2015; *Seifert/Sujbert* 2013). Dieser Befund wird durch die allgemeine Resonanz der Forschungspartner*innen und pointierte Aussagen gestützt: *„[I]ch finde das auch gut, dass es jetzt hier besprochen wird, es muss einfach Thema sein"* (FK 6, Abs. 24). *„[E]s ist ein Jugendhilfe-Thema hier, also im Haus wird es dann immer wieder jährlich bearbeitet das Thema"* (FK 6, Abs. 21). Für eine Zentrierung der Erkenntnisse und die Übertragung in einen praktischen Zusammenhang, bedarf es theoretischer Rückgriffe und einer Auseinandersetzung mit den grundlegenden Theorien. Dafür sollen nicht alle, aber zentrale Merkmale und Phänomene der *gedrosselten Beziehung* diskutiert werden. Zunächst reflektieren wir unsere Kernkategorie der *gedrosselten Beziehung* vor dem aktuellen theoretischen und forscherischen Stand. Wo finden sich zentrale theoretische Aspekte in unseren Ergebnissen wieder? Welche Elemente können wir anhand unserer Studie praktisch untermauern und an welcher Stelle kollidieren unsere Erkenntnisse mit theoretischen Ansätzen? Diesen Fragen gehen wir auf den Grund, indem wir unsere Analyse aus dem Kapitel 5 mit theoretischen Ankern versehen und in kritische Diskussionen einbinden. Anschließend runden die praktischen Implikationen den Diskussionsteil dieser Studie ab.

6.1   Verortung des zentralen Phänomens

Das zentrale Phänomen unserer Studie, mit dem Fachkräfte in der Heimerziehung tagtäglich agieren, ist die *gedrosselte Beziehung*. Die *gedrosselte Beziehung* beschreibt dabei eindrücklich die Merkmale der Beziehungsgestaltung in der Heimerziehung. Auf der Suche nach Erkenntnissen zur Bedeutung der Nähe-Distanz-Antinomie entstand das Bild der Drosselung (vgl. Abschn. 4.8.4), das sich in struktureller, inhaltlicher sowie handlungsorientierter Dimension auf die Beziehung im Heim anwenden lässt. Es grenzt die Beziehung im Heim bereits in struktureller Hinsicht von persönlichen Beziehungen ab. Während Beziehungen im Allgemeinen von Nähe, Gegenseitigkeit und Emotionen geprägt sind (vgl. *Meyer* 2009, S. 59), zeichnet sich das Phänomen der *gedrosselten Beziehung* durch den *Jobcharakter* und ein asymmetrisches Beziehungsverhältnis aus. Diese Erkenntnis findet sich auch in der Literatur wieder. *Arnold* (2009, S. 27 ff.) schreibt Beziehungen zwischen professionell Agierenden und Adressat*innen eine strukturelle Asymmetrie zu, die auf eine festgelegte Dauer beschränkt sind. Dadurch schließt die Struktur der *gedrosselten Beziehung* aus, das Level persönlicher Beziehungen zu erreichen. Dies begründet sich im grundlegenden Interesse an der Beziehung und der Notwendigkeit zu Distanzwahrung, Reflexion und Regelorientierung. Einen Beleg dafür bietet *Arnolds* Theorie, dass persönliche Beziehungen als Ausdruck gegenseitigen Interesses verstanden werden (vgl. ebd., S. 115).

Im Fokus unserer Studie steht die Erkenntnis, dass die *gedrosselte Beziehung* den zentralen Baustein der pädagogischen Arbeit im Heim darstellt. In den Interviewsituationen wurde Beziehung als das Kernelement der Arbeit dargestellt, was durch Aussagen in der Literatur gestützt wird. Autoren wie *Gahleitner* (2017), *Abeld* (2017), *Schleiffer* (2015) und *Heiner* (2010) stellen Beziehung als Grundvoraussetzung gelingender Heimerziehung dar (vgl. Abschn. 2.2.4 und Kap. 3). „Die professionelle Beziehung scheint demnach ein wichtiges, wenn nicht das wichtigste Instrument oder Medium im Zugang zur Klientel sowie zur Umsetzung hilfreicher Maßnahmen zu sein" (*Abeld* 2017, S. 13). Dies wird auch durch Wirksamkeitsstudien belegt, in denen Beziehung als essenzieller Faktor des Aufwachsens junger Menschen beschrieben und deren hoher Stellenwert in der Heimerziehung herausgestellt wird (vgl. Kap. 3). Die Beziehung zwischen den Kindern bzw. Jugendlichen und Fachkräften ist demnach ein wesentlicher Wirkfaktor gelingender Heimerziehung (vgl. *Gehres* 1997) und kann nach *Rätz* (2017, S. 139) als „tragende Ebene" beschrieben werden. Doch welcher Erkenntnisgewinn ergibt sich daraus? Das Phänomen der Drosselung zeichnet sich nicht

nur in der Beschaffenheit der Beziehung ab, sondern wird im beruflichen Alltag der Fachkräfte aktiv gestaltet. Um die aussagekräftigsten Aspekte davon in
den Diskurs zu bringen, ergründen wir nachfolgend die Bedeutung von Nähe
und Distanz für die *gedrosselte Beziehung* anhand der vorgestellten Ergebnisse
(s. Kap. 5).

6.2 Die Bedeutung von Nähe und Distanz für die Beziehungsgestaltung

Unsere Ergebnisse zeigen, dass die Beziehungsgestaltung im Heim in Zusammenhang mit den Aspekten Nähe und Distanz steht. Die Bedeutung dessen wird
nachfolgend anhand erkannter Phänomene herausgestellt. Dafür diskutieren wir
den Grundbaustein Nähe innerhalb der Beziehung, das System der Bezugsbetreuung, Legitimation, Professionalität und die Gefahren, die mit einer *gedrosselten
Beziehung* einhergehen.

6.2.1 Nähe als Grundbaustein

Die Komponenten Nähe und Beziehung bedingen einander, sie stehen in einem
wechselseitigen Verhältnis. Nähe ist ein wichtiges Grundbedürfnis von Kindern
und Jugendlichen in Heimeinrichtungen. Sie ist die vertraute Basis und der
Grundstein für die sozialpädagogische Arbeit. Nähe ist etwas, was vor allem
junge Menschen brauchen und was für ihre weitere Entwicklung immens wichtig
ist. Sie spielt im Heimsetting eine ganz zentrale Rolle und wird als unverzichtbares Element verstanden, um Beziehungen im Heim aufbauen zu können.
Diese Erkenntnis reicht weit zurück bis hin zu *Nohls* Konzept des pädagogischen Bezugs, in dem er Vertrauen als Beziehungsgrundlage beschreibt (vgl.
Abschn. 2.2.2). Die Fachkräfte richten ihr Maß an Nähe in erster Linie an den
Bedürfnissen der Kinder und Jugendlichen aus, die von individuellen Vorerfahrungen geprägt sind (Abschn. 2.1.3). Wir können anhand unserer Ergebnisse
ableiten, dass das Herstellen von Nähe und Distanz eine zentrale Aufgabe
der Pädagog*innen in der stationären Heimerziehung ist, was die eigenstän-
dige Kategorie *Beziehung als Arbeitsgrundlage* (Abschn. 5.1) verdeutlicht. Die
Fachkräfte sind maßgeblich für die Her- und Sicherstellung korrigierender Beziehungserfahrungen zuständig (Abschn. 5.2.2). Die fachliche Anforderung, negative
Beziehungserfahrungen der jungen Menschen zu kompensieren, ist nicht einfach
zu erfüllen. Das Leben in Heimeinrichtungen unter Anwesenheit pädagogischer

Fachkräfte ermöglicht den Kindern und Jugendlichen neue Beziehungserfahrungen, in denen sie den Umgang mit der Nähe-Distanz-Thematik erlernen.
Das bestätigt sich mit Blick auf die Fachliteratur, denn in der Heimerziehung
arbeiten die Fachkräfte mit jungen Menschen zusammen, die unterschiedliche
Beziehungserfahrungen gemacht haben, die häufig mit Vernachlässigung, Missbrauch oder Gewalt in Verbindung stehen (vgl. *Rätz* 2017, S. 138). Aufgabe
der Mitarbeitenden ist es, den Kindern korrigierende Beziehungserfahrungen und
günstige Entwicklungsmöglichkeiten zu bieten (vgl. § 34 SGB VIII; *Best* 2020,
S. 320; *Bigos* 2014, S. 40; *Teuber* 2003, S. 9). Auch *Christine Kugler* (2010)
beschreibt, dass den Kindern und Jugendlichen in Heimeinrichtungen positive
Beziehungserfahrungen vermittelt werden sollen, die den negativen Erfahrungen in bisherigen Beziehungen zu erwachsenen Menschen entgegenwirken (vgl.
Kugler 2010, S. 20).

Neben den Aussagen der Fachkräfte, dass Beziehung im Heim vergangene
Erfahrungen zu kompensieren versucht, möchten wir in diesem Zusammenhang
darauf verweisen, dass professionelle Beziehungen strukturellen Gegebenheiten
unterliegen, die korrigierende Erfahrungen erschweren (Abschn. 5.1.1). Haupt-
grund sind die Beziehungsabbrüche, die durch das System der Heimerziehung
vorprogrammiert sind (s. auch *Kugler 2010*, S. 28). Die Ergebnisse unserer
Untersuchung zeigen, dass Kinder und Jugendliche im Heim Angst vor Beziehungsabbrüchen haben (FK 1, Abs. 23). Das wirft die Frage auf, inwiefern
Fachkräfte eine Korrektur negativ konnotierter Erfahrungen erwirken können?
Kann Beziehung im Heimkontext nicht eher als Chance aufgefasst werden,
die den Adressat*innen alternative Beziehungsgestaltung ermöglicht? Im Gegensatz zur Theorie, dass Beziehungen auf Dauerhaftigkeit angelegte Konstrukte
sind (vgl. *Schäfter* 2010, S. 23), ist Beziehung im Heim von vorausgeplanten
Beziehungsabbrüchen bestimmt, die das Phänomen der Drosselung nochmals
hervorhebt. Die Angst der Adressat*innen vor Beziehungsabbrüchen verdeutlicht die Vertrautheit und Nähe zu den Fachkräften und gibt der Nähe eine
besondere Bedeutung, die als Grundvoraussetzung jeder Beziehung gilt (vgl.
Abschn. 2.3.1). Darüber hinaus spielt auch das System der Bezugsbetreuung
eine bedeutsame Rolle für die Bedeutung von Nähe in *gedrosselten Beziehungen*,
welches nachfolgend in den Diskurs gebracht wird.

6.2.2 Das System der Bezugsbetreuung

Die Bedeutung der Nähe ist nicht nur grundlegend für die Beziehungsgestaltung
in der stationären Heimerziehung, sie impliziert zudem die Auseinandersetzung

mit dem System der Bezugsbetreuung (vgl. *Hartwig* et al. 2009; *Kugler* 2010).[1] *Schroll* (2007) definiert die Bezugsbetreuung als

> „ein organisatorisches und pädagogisches Konzept [...], das die größtmögliche indi- viduelle Betreuung und Versorgung von hilfebedürftigen Menschen im Kontext einer Hilfestruktur (Einrichtung, Organisation o.ä.) durch die Bündelung von Zuständigkeit und Verantwortung sowie durch die Schaffung einer individuellen, professionellen und tragfähigen Beziehung ermöglicht" (*Schroll* 2007, S. 18).

Die Bedeutung der Bezugsbetreuung für die Beziehungsgestaltung wird auch in unseren Ergebnissen sichtbar (Abschn. 5.1.2). Die Arbeit mit einem Bezugsbe- treuungssystem taucht in fast allen Interviews auf und stellt sich als relevanter Bestandteil der Bedeutung von Nähe heraus. Trotz unserer konzeptunabhängigen und trägerübergreifenden Forschung wird die Nutzung des Systems in beiden Einrichtungen ersichtlich, was sich durch die Erzählungen der Fachkräfte andeu- tet und hohe Relevanz in den Interviews aufweist. Dabei wird deutlich, dass das Aufgabenspektrum der Bezugserzieher*innen überwiegend organisatorischer, d. h. struktureller Natur, ist. Es bewirkt ein näheres Verhältnis zu den jungen Menschen, denn die *„Bezugspädagogenrolle [bestimmt] vehement den Alltag "* (FK 1, Abs. 27). Alle persönlichen Themen, die die Bezugskinder betreffen, werden von der jeweiligen Bezugsbetreuung übernommen. Sie unterstützen die jungen Menschen sowohl in sozialen als auch in privaten Angelegenheiten. Das System der Bezugsbetreuung sorgt dafür, dass die Kinder und Jugendlichen eine feste Ansprechperson haben und bietet ihnen Sicherheit und eine Orientierungshilfe in der Einrichtung. Die Bezugsbetreuung schafft einen Rahmen für Individualität und Exklusivität innerhalb der Beziehung und sorgt dafür, dass engere Bezie- hungen zu den jungen Menschen möglich werden (vgl. FK 1, Abs. 27; FK 2, Abs. 10). Die herausragende Bedeutung der Bezugsbetreuung wird auch durch die Ergebnisse des Forschungsprojekts (*Friedrichs* et al. 2019) bestätigt. Auch dort wurde nachgewiesen, dass die Beziehung zwischen Heimbewohner*innen und ihren Bezugserzieher*innen besonders und intensiver ist als die zu anderen Fachkräften der Wohngruppe. Der Hintergrund dafür ist im Konzept der Bezugs- betreuung verankert. Die Bezugspädagog*innen übernehmen i. d. R. für mehrere Jahre die Verantwortung und Begleitung der Kinder und Jugendlichen. Sie ver- bringen viel Zeit mit ihnen, wodurch die Beziehung automatisch mit Nähe in

---

[1] Durch die Offenheit unserer Forschung gemäß der GTM kommt es an dieser Stelle zu einer theoretischen Umrahmung der Bezugsbetreuung. Ihre Relevanz kristallisiert sich erst im Laufe unserer Erhebungen und im Analyseprozess heraus, sodass es hier notwendig ist, eine kurze Definition vorzunehmen, um eine transparente Diskussionsgrundlage zu schaffen.

Zusammenhang gebracht wird. Ein gewisses Maß an Nähe ist also strukturell durch das Konzept der Bezugsbetreuung vorbestimmt (vgl. *Friedrichs* et al. 2019, S. 16 ff.). Dies wird durch die vorliegende Studie über die *gedrosselte Beziehung* bestätigt.

Christine Kugler (2010) geht ihn ihrem Artikel „Bezugserzieher*in der Heimerziehung"[2] konkret auf die Rolle der Bezugserzieher*innen ein und fokussiert dabei die Beziehung zwischen Kindern bzw. Jugendlichen und ihren pädagogischen Fachkräften. Die zentralen Ergebnisse der Untersuchung werden durch unsere Erkenntnisse zum Bezugsbetreuungssystem untermauert. *Kugler* (2010) beschreibt in ihren Ergebnissen, dass die Kinder und Jugendlichen im Heim nach Aussage der Fachkräfte keinen direkten Einfluss auf die Zuteilung ihrer Bezugserzieher*innen haben. Im Gegenteil wird die Zuteilung von der aktuellen Auslastung und den Kapazitäten der Mitarbeitenden beeinflusst. So kommt es dazu, dass zumeist wenig Rücksicht auf die persönlichen Vorlieben der Teammitglieder genommen werden kann. Der Fokus liegt vielmehr auf der internen Teamsituation (vgl. *Kugler* 2010, S. 22). An dieser Stelle stößt das System der Bezugsbetreuung an seine Grenzen, da die Zuordnung der Bezugserzieher*innen nicht individuell vorgenommen werden kann. Das bedeutet, dass auch persönliche Vorlieben nicht immer Beachtung finden. Die praktischen Erfahrungen unserer Interviewpartner*innen machen deutlich, dass eine individuelle Zuordnung allein aufgrund der Teamstruktur nicht erfüllt werden kann. Die Zuordnung von Bezugspädagog*innen und Kindern bzw. Jugendlichen erfolgt i. d. R. in Abhängigkeit von der Auslastung der Fachkräfte zum Zeitpunkt der Aufnahme der Klient*innen, wodurch die Fachkraft-Kind-Beziehung vorbestimmt wird. Individuelle Eigenschaften sind nur selten handlungsleitend. Offene Fragen beschäftigen uns mit Blick auf das System der Bezugsbetreuung: Was brauchen die Kinder und Jugendlichen? Nach welchen Kriterien würden die jungen Menschen ihre Bezugspädagog*innen auswählen? Bei welchem Geschlecht fühlen sie sich wohler, sodass sie Vertrauen und eine Beziehung aufbauen können? Und was ergibt sich aus ihren bisherigen Beziehungserfahrungen? Sie geben Ausblick auf weitere Diskussionsaspekte wie bspw. den Zusammenhang zwischen dem Konzept der Bezugsbetreuung und der damit verbundenen Bedeutung von (strukturierter) Nähe. Schließlich stellen wir fest, dass eine hohe Diversität im Team

---

[2] In ihren Ausführungen bezieht sie sich auf das Projekt „Pädagogische Prozesse in Regelgruppen der stationären Heimerziehung – Entwicklungen und Perspektiven" unter dem Aspekt der Qualitätsentwicklung und den Bemühungen zur Verbesserung der Wirksamkeit stationärer Hilfen (vgl. *Kugler* 2010, S. 18). Das Projekt wurde von der Diakonie Rheinland-Westfalen-Lippe in Kooperation mit der Fachhochschule Münster von *Luise Hartwig*, *Christine Kugler* und *Reinhold Schone* durchgeführt (vgl. ebd.).

wichtig ist, um Kindern und Jugendlichen im Heim „*Beziehungsangebotspartner"* (FK 3, Abs. 9) bereitzustellen, zu denen sie Nähe und damit auch Beziehungen aufbauen können. Es liegt in der Natur des Menschen, dass persönliche und individuelle Neigungen und Sympathien sowohl bei den Fachkräften als auch bei den Kindern und Jugendlichen unterschiedlich ausfallen. Dadurch ist jede Beziehung zwischen zwei Menschen individuell ausgestaltet (vgl. *Bigos* 2014, S. 40). Nicht alle Adressat*innen und ihre jeweiligen Bezugserzieher*innen empfinden gleichermaßen Sympathien füreinander, was die Kritik an dem starren System der Bezugspädagog*innen nochmals verdeutlicht. Auch *Schäfter* (2010, S. 45) beschreibt, dass Beziehung zwischen Fachkräften und jungen Menschen auf Basis einer Dienstleistung zustande kommt und im Allgemeinen nicht auf Grundlage ausgeprägter Sympathien. *Rätz* (2017, S. 137) stützt diese Annahme, indem sie beschreibt, dass der Aufbau einer professionellen Beziehung nicht bei allen Kindern und Jugendlichen gleichermaßen verläuft. Bei einigen Adressat*innen gelingt der Beziehungsaufbau, bei anderen wird er als „wesentlicher Aspekt des Scheiterns beschrieben, [der letzten Endes] zur räumlichen und institutionellen Trennung von den jungen Menschen führt" (ebd.). Insgesamt kann festgehalten werden, dass die Bezugsbetreuung einen relevanten Stellenwert im Hinblick auf die Nähe-Distanz-Antinomie im stationären Heimsetting hat. Die Bezugserzieher*innen spielen dabei eine besondere Rolle und nehmen einen entscheidenden Einfluss auf die Beziehungsgestaltung, indem sie Nähe entlang ihrer organisationalen Verantwortung aufbauen. Die strukturell bedingte, vorbestimmte Nähe zu den Adressat*innen zeigt deutlich den Unterschied zu persönlichen Beziehungen im privaten Umfeld auf und macht einen Großteil des sogenannten *Jobcharakters* aus, der ein zentrales Merkmal der *gedrosselten Beziehung* ist.

6.2.3 Der Legitimationsaspekt

Pädagogisches Handeln in der Heimerziehung erfordert professionelles und damit legitimiertes Verhalten von Fachkräften (vgl. Abschn. 2.2.4; 2.3.2 und 3), was in der Beschaffenheit der Sozialen Arbeit, aber auch durch die Professionalisierungsdebatte, begründet ist. Im Rahmen unserer Studie beschreiben Fachkräfte die legitimatorische Thematik als alltäglich und präsent, gerade mit Blick auf das Spannungsfeld von Nähe und Distanz. Legitimation wird dabei eng mit Fachlichkeit und Professionalität verbunden und gilt als erstrebenswerte und unverzichtbare Größe in der Beziehungsgestaltung. Distanzwahrung nutzen die Fachkräfte dabei als Medium zur Legitimationssicherung. Fachliches Handeln ist dann gewährleistet, wenn Distanz gewahrt wird, sodass Nähe in der Beziehung zu Heimkindern nicht übergriffig, missbräuchlich und/oder zur Befriedigung eigener Bedürfnisse genutzt wird (s. auch *Leck* 2018, S. 367). *Schefold* (2012, S. 1125) beschreibt den Legitimationsdruck der Sozialen Arbeit entlang geltender sozialer Probleme von Klient*innen. Dies führt zu hohen gesellschaftlichen Erwartungen an Fachkräfte, die qualitativ hochwertige und vor allem wirksame Soziale Arbeit erbringen sollen. Sie „erfüllen gemeinnützige Funktionen in den Bereichen, in denen mangelhafte Qualität der Arbeit gravierende Folgen für. die von ihnen abhängigen Klienten haben" (*Müller* 2012, S. 958) kann. Auch *Harmsen* und *Koch* beschreiben in ihren Publikationen, dass die Qualitätsdebatte in der Sozialen Arbeit als Grund zunehmenden Legitimationsdrucks zu verzeichnen ist (vgl. *Harmsen* 2013, S. 269; *Koch* 2018, S. 23). Das führt dazu, dass pädagogisches Handeln gegenüber der gesellschaftlichen Umwelt und des damit verbundenen fachlichen Auftrags gerechtfertigt und begründet werden muss (vgl. *Koch* 2018, S. 26). Bereits *Winkler* (1989) verortet diesen legitimatorischen Prozess im Bereich der Heimerziehung, der in aktuelleren Publikationen immer wieder aufgegriffen wird (vgl. *Koch* 2018). Damit belegen unsere Erkenntnisse aus der Praxis die theoretisch verankerten Annahmen zum Legitimationsaspekt und deren „Randständigkeit […] innerhalb des erziehungswissenschaftlichen Diskurses" (*Koch* 2018, S. 24). Sie ergänzen diese um die Bedeutung von Distanzierung zur Legitimationssicherung professioneller Beziehungsgestaltung. Die Notwendigkeit Distanz zu wahren, hängt auch maßgeblich mit vergangenen Missbrauchsvorwürfen in der Heimerziehung zusammen (vgl. *Unabhängige Kommission zur Aufarbeitung sexuellen Kindesmissbrauchs* 2020; Abschn. 2.3.2). Diese wirken sich auf den Rechtfertigungsdruck professioneller Akteure aus. Gerade die Zu-Bett-Geh-Situationen werden Berichten aller Fachkräfte zufolge, häufig mit zu nahen, intimen Momenten assoziiert. Der Frage nach körperlicher Berührung wird unmittelbar mit legitimierendem Verhalten begegnet. Es ist in Ordnung, „*dass man gestreichelt werden möchte. Da kommt es natürlich so ein bisschen drauf an, wie und wo*" (FK 6, Abs. 28). Es entstehen Phantasien, von denen sich die Fachkräfte ganz klar abgrenzen, indem sie ihr Handeln durch Distanzwahrung und persönliche Grenzziehung rechtfertigen. Auch in persönlichen Grenzen der Fachkräfte zeigt sich die theoretisch verankerte Forderung nach Distanzwahrung zur Legitimationssicherung (vgl. *Thiersch* 2019, S. 42).

Unsere Studie liefert praktische Erkenntnisse darüber, wie und auf welcher Basis Grenzen gezogen werden, die Fachkräften die nötige Distanz verschaffen. Bei der Analyse der Schilderungen wird sichtbar, dass persönliche Grenzen eng mit Vernunft verknüpft sind. Bei der Drosselung von Nähe, die die Fachkräfte vertretbar anbieten können, spielt Legitimation eine bedeutende Rolle: „*entweder*

so vernünftig oder halt nicht" (FK 3, Abs. 23). Das Nähebedürfnis der jungen
Menschen wird dabei an den persönlichen Vorstellungen eines normalen Aufwachsens der Fachkräfte ausgerichtet. Sie setzen Distanz an den Stellen ein, an
denen sie der Meinung sind, dass ein normales Maß an Nähe erfüllt ist (vgl. FK 3,
Abs. 15; FK 5, Abs. 18). Das wirft die Frage auf, inwieweit sich die Vorstellungen
der Fachkräfte von normalem Aufwachsen auf die Nähe-Distanz-Bedürfnisse der
Heimkinder übertragen lassen? Können die individuellen Bedürfnisse der beson-
deren Klientel im Heim auf die Art und Weise befriedigt werden? Einerseits ist
von traumatisierten Kindern und Jugendlichen, sogenannten hard-to-reach Klient*innen die Rede (vgl. *Gahleitner* 2017, S. 137), die besondere Anforderungen
an die Beziehungsgestaltung in der Heimerziehung herantragen (vgl. *Gahleitner*
2017; *Günder* 2015; *Esser* 2014; *Abrahamczik* et al. 2013) und an deren Bedürfnissen die Arbeit im Heim ausgerichtet wird (vgl. FK 3, Abs. 27; Abschn. 2.1).
Andererseits erkennen wir, dass Fachkräfte ihr persönliches, als richtig empfun-
denes Maß an Nähe auf den Umgang mit ihrem Klientel anwenden und in Form
von Regeln gegenüber der Klient*innen festhalten. Dieses konstruierte Regelwerk wird zur Distanzwahrung und Legitimationssicherung genutzt. Darin zeigt
sich ein Widerspruch, weil das Aufwachsen von Kindern und Jugendlichen in der
Heimerziehung keinesfalls mit einem klassischen Aufwachsen in der Herkunftsfamilie gleichzusetzen ist. Damit stehen unsere Ergebnisse in Übereinstimmung
mit einem Teilaspekt der Erkenntnisse unserer Forschungsarbeit zum Erleben von
Nähe und Distanz (*Friedrichs* et al. 2019).

> „[Hier] verglichen die Fachkräfte die professionelle Beziehungsgestaltung mit dem
> Aufwachsen junger Menschen im familiären Rahmen. Es scheint, als ob sich die
> PädagogInnen durch einen gesellschaftlichen Legitimationsdruck dafür rechtfertigen,
> dass ihre Einrichtung dem Aufwachsen im familiären Setting gleicht. Für den wis-
> senschaftlichen Diskurs der Sozialen Arbeit bedeutet dies, dass das Aufwachsen von
> jungen Menschen in stationären Einrichtungen nicht mit der Erziehung von Jungen
> und Mädchen in ihren Familien verglichen werden kann, sondern als eine andere
> Form und Möglichkeit des positiven Entwicklungsortes wahrgenommen werden soll-
> te" (*Friedrichs* et al. 2019, S. 23).

6.2.4 Distanz als Teil von Professionalität

Professionelle Akteure bewegen sich immer in Spannungsfeldern zwischen den
Anforderungen von Institution und Person sowie privatem und beruflichem Setting. Das Spannungsfeld beschreibt das zentrale Lernfeld (FK 5, Abs. 13), in dem

die Fachkräfte sich durch Berufserfahrung und mit der Zeit entwickelten Routine zurechtfinden müssen und veranlasst die Schaffung praktischer Implikationen (s. Abschn. 6.3). Arbeitserfahrung im Feld der Heimerziehung bildet dabei eine hilfreiche Ressource und erleichtert den Einsatz eines gesunden Maßes an Nähe und Distanz (vgl. FK 6, Abs. 28). Mit Blick auf die Beziehung zu ihren Klient*innen müssen Fachkräfte immer abwägen, wie nah oder wie distanziert sie sich positionieren. Unsere Ergebnisse zeigen, dass Nähe und Distanz einen Balanceakt darstellen, sich gegenseitig bedingen und nicht getrennt voneinander zu betrachten sind (s. Abschn. 2.3.2). Unsere Erkenntnis stützen auch die Autor*innen *Dörr* (2019), *Klatetzki* (2019, S. 92 f.) und *Thiersch* (2019, S. 45), die die Bedeutung des Balanceaktes der Nähe-Distanz-Thematik herausstellen. Die Beschaffenheit der Heimerziehung als vorübergehender Entwicklungsort für junge Menschen in Abgrenzung familiärer Settings zeigt sich in der Bedeutung von Distanzierung. Distanz macht den professionellen Charakter aus, der eine Abgrenzung zwischen privatem und beruflichem Alltag erfordert. Für die Interviewpartner*innen stellt diese Abgrenzung einen wesentlichen Aspekt dar. Unsere Ergebnisse zeigen, dass Pädagog*innen erwarten, nach der Arbeit nicht mehr mit beruflichen Themen konfrontiert zu werden. Sie benötigen diese Work-Life-Balance, um professionell agieren zu können (vgl. FK 1, Abs. 47; FK 2, Abs. 12). Dies wird auch von *Thiele* (2009) aufgegriffen, die in ihrer Arbeit den Begriff der Work-Life-Balance prägt und damit unsere Ergebnisse unterstützt. Sie beschreibt Work-Life-Balance als zentrale Anforderung für das Gelingen der Vereinbarkeit von Beruf und Familie (vgl. *Thiele* 2009, S. 5). Diese Erkenntnis bestätigt auch *Best* (2020, S. 46) in ihrer Publikation, in der sie vor allem die Handlungsfähigkeit der Fachkräfte herausstellt. Ohne private Abgrenzung sei diese gefährdet. Inhaltlich berichten die Interviewpartner*innen von keinen Problemen ihrer Handlungsfähigkeit bei fehlender Distanz, was uns zu dem Entschluss kommen lässt, dass die Trennung von Privat und Beruf in denen von uns besuchten Einrichtungen gut funktioniert. Distanz stellt somit das zentrale Medium zur Sicherstellung der Professionalität dar, was auch die (emotionale) Handlungsregulation als Charakteristikum der Sozialen Arbeit erfordert (vgl. *von Spiegel* 2018; Kap. 3).

6.2.5 Der Gefahrenaspekt in der Beziehungsgestaltung

Die Herausforderung der gleichzeitigen Erfüllung einer Berufsrolle neben der Bereitschaft, sich auf Beziehungen zu Klient*innen einzulassen, wird unserer Studie zufolge oftmals mit Gefahren assoziiert. Unsere Erkenntnisse knüpfen dahingehend an bestehende Theorien und Forschungsprojekte an und erweitern das Spannungsfeld um die Bedeutung des Gefahrenaspekts. Gefahr verbinden die Fachkräfte mit zu nahen Beziehungen zu Kindern und Jugendlichen im Heim. Dabei sehen sie das Gefährliche in dem Verlust nötiger Abgrenzung und emotionaler Verstrickung, die professionelles Handeln torpedieren. Unsere Erkenntnisse verdeutlichen, dass die Gefahren von zu großer Nähe zu Adressat*innen bis heute anhalten und im praktischen Berufsalltag erlebt werden. Insgesamt schreiben die Fachkräfte der Distanz ihren Professionalitätscharakter zu, mehr im positiven als im negativen Sinne. Nähe hingegen wird trotz ihrer Notwendigkeit für Beziehung als gefährlich eingestuft und als laienhaft, d. h. als unprofessionell deklariert. Mit den Gefahren von Emotionalität durch pädagogische Nähe befassten sich bereits *Gaus* und *Uhle* (2009, S. 41), die den Liebesbegriff in der Pädagogik in Frage stellten. Es entsteht der Begriff Nähe zur Abgrenzung von Liebe als pädagogisches Problem im professionellen Setting, um der Gefahr zu naher pädagogischer Beziehungen zu entgehen (vgl. Abschn. 2.2.2). Neben unserer Studie über die Gefahren zu großer Nähe in pädagogischen Settings thematisieren dies auch Autoren wie *Meyer-Drawe* (2012), *Ricken* (2012) und *Baader* (2012). Beziehung kann gefährlich sein, wenn ihr Maß an Nähe professionelles Handeln einschränkt und sie in den Bereich einer persönlichen Beziehung übergeht. Zudem birgt das Spannungsfeld um Nähe und Distanz die Gefahr, Kinder und Jugendliche aufgrund ihrer individuellen Erfahrungen zu retraumatisieren. Das schließt an die Debatte um sexualisierte Gewalt an, in der die Gefahren von Nähe und Zuwendung gegenüber Klient*innen aufgegriffen werden. Es gilt hier Nähe zu begrenzen, damit auch distanzierte und professionelle Handlungsmomente möglich sind (vgl. *Kowalski* 2020, S. 2 f.). Auch *Leck* (2018, S. 367) analysiert das Spannungsfeld von Nähe und Distanz. Sie beschreibt über unsere Ergebnisse hinaus, aber nicht weniger relevant, dass Nähe und Distanz gleichermaßen als Gefahrenaspekte gelten, die der Beziehungsarbeit im Heim schaden (s. auch Abschn. 2.2). Mit Distanzierung verbundene Gefahren kann unsere Studie weniger verzeichnen, da die Elemente nicht unmittelbar in Bezug zueinanderstehen. Es wird lediglich davon gesprochen, dass Nähe ein unverzichtbarer Bestandteil ist, woraus wir deuten, dass ein reines Beharren auf Distanz in der Beziehungsgestaltung gefährlich sein kann. Dennoch untermauern unsere Erkenntnisse vielmehr die „Gefahren der zu großen Nähe" (*Gaus/Uhle* 2009, S. 25).

Welche Anforderungen die diskussionswürdigen Aspekte für das praktische Handeln der Fachkräfte im Heim mitbringen und wie ihnen im Berufsalltag begegnet werden kann, wird nachfolgend beschrieben.

6.3   Praktische Implikationen

In diesem Kapitel werden die Ergebnisse unserer Studie vor dem Hintergrund der praktischen Relevanz für die Fachkräfte im Feld der Heimerziehung diskutiert. Was sagen die Erkenntnisse zur *gedrosselten Beziehung* für den praktischen Alltag in der Heimerziehung aus? Welche Instrumente braucht es, damit Fachkräfte die Unsicherheiten im Balanceakt von Nähe und Distanz bewältigen können? Und können Handlungsempfehlungen für Fachkräfte gegeben werden? Im Folgenden wird ein Versuch vorgenommen, die Fragen unter Einbezug relevanter Fachliteratur zu beantworten.

Kommunikation stellt im Balanceakt von Nähe und Distanz ein zentrales Instrument dar, mit dem Fachkräfte die Beziehungsgestaltung zu Kindern und Jugendlichen im Heim begleiten sollten. Die Bedeutung der Kommunikation stellt auch *Arnold* (2009, S. 114) heraus, die in ihrer Publikation darauf eingeht, dass professionelle Beziehungen in der Sozialen Arbeit u. a. durch das Vorhandensein von Kommunikation entstehen. Der Prozess des *„In-Sprache-Bringen[s]"* (FK 1, Abs. 7), d. h. das Handeln im Spannungsfeld sprachlich zu untermauern und offenzulegen, sorgt für Transparenz. Diese Transparenz können Fachkräfte auf vielfältige Weise nutzbar machen, bspw. um ihr Verhalten gegenüber den jungen Menschen zu rechtfertigen und auch um persönliche Grenzen zu bekunden. Wir haben herausgefunden, dass Kommunikation gerade deshalb so wichtig ist, weil das Aufwachsen im Heim von den Vorstellungen eines normalen, kindlichen Aufwachsens abweicht. Transparenz sorgt also dafür, dass die Kinder und Jugendlichen das für sie neue Zuhause auf Zeit kennenlernen und die Handlungen ihrer Bezugspersonen im Heim nachvollziehen können. Diese Erkenntnisse stellen z. B. auch *Günder* (2015) und *Treptow* (2012) in ihren Publikationen heraus. Transparenz wird eingesetzt, damit die Handlungen pädagogischer Fachkräfte und deren Abläufe nachvollziehbar für die jeweiligen Adressat*innen sind (vgl. *Treptow* 2012, S. 133). Dabei sorgt eine routinierte Offenlegung der Handlungen für Professionalität und lässt Verantwortungsbewusstsein der Fachkräfte erkennen (vgl. *Günder* 2015, S. 204). Fachkräfte sollten den Kindern in Form sogenannter Ich-Botschaften aufzeigen, aus welchen Gründen sie Nähe drosseln und Distanz einnehmen. Um Kindern und Jugendlichen in der Heimerziehung korrigierende Beziehungserfahrungen zu ermöglichen, bedarf es bewusster Verantwortungsübernahme der Fachkräfte. Fachliche Distanzierung bedeutet hier, als Fachkraft die Schuld bzw. Verantwortung für distanziertes Verhalten zu übernehmen. Nur so besteht die Chance, dass die Adressat*innen Gründe für Distanz entkoppelt von ihrer eigenen Person einordnen können. Damit Beziehung trotz ihrer gedrosselten Eigenschaft aufgebaut werden kann, muss offen kommuniziert,

d. h. transparent gehandelt werden. Das In-Sprache-Bringen sorgt bei den Fachkräften bereits im Prozess für erste Reflexionen des eigenen Handelns. Durch das Verbalisieren werden Handlungsabläufe deutlich bewusster. Die Gestaltung einer *gedrosselten Beziehung* erfordert professionelle Reflexion (Abschn. 5.3.1), die den Aushandlungsprozess von Nähe und Distanz begleitet. Reflexion wird dann genutzt, wenn es um korrekte Positionierung zwischen den Polen Nähe und Distanz geht. Ausgangspunkt sind in der Regel Situationen, die zu Irritationen geführt haben und einer fachlichen Rückversicherung bedürfen. Dafür hilft es den Fachkräften, einen Schritt zurück zu gehen und die reflexionsbedürftige Situation aus einer Metaperspektive zu betrachten (vgl. FK 3, Abs. 3; FK 4, Abs. 35). Unsere Erkenntnis zur Notwendigkeit reflektierenden Verhaltens deckt sich mit bisherigen Theorieaspekten. Hier wird Reflexion als ein elementares Instrument im Umgang mit Nähe und Distanz beschrieben (vgl. *Bigos* 2014, S. 11; *Strobel-Eisele* 2013, S. 16; *Dörr* 2010, S. 20). Jürgen Ebert (2012, S. 10) erweitert diesen Stellenwert und definiert Reflexion als die Bedingung für erfolgreiches Handeln im professionellen Alltag in Handlungsfeldern der Sozialen Arbeit. Auch *Gahleitner* (2017, S. 36) knüpft an diese Aussage an, indem sie in ihrer Publikation beschreibt, dass professionelles Handeln u. a. Reflexion in der Beziehungsgestaltung mit den Klient*innen verlangt. In solchen Reflexionsprozessen werden konkrete Situationen aus den professionellen Arbeitszusammenhängen rückblickend analysiert (vgl. *Schröder* 2002, S. 10). Durch Rückversicherung im Team können die Mitarbeitenden professionelle Distanz gewinnen und Beziehung drosseln, sodass sie der Gefahr zu naher Beziehung entgegenwirken können.

Aber nicht nur der Austausch im Team ist ein wesentliches Instrument, das zur Reflexion herangezogen wird. Gleichermaßen stellen die Fachkräfte die Notwendigkeit privaten Ausgleichs heraus, welcher außerhalb der Dienstzeiten Distanz schafft. Sie empfinden eine Gesprächsebene, zu Menschen aus dem privaten Umfeld, als wichtigen Aspekt, um Abstand zu gewinnen. Dieser ermöglicht Fachkräften, das Erlebte aus einer Metaperspektive zu betrachten. Reflektiertes Verhalten hilft dabei spezifische Situationen zu überprüfen. Beispielsweise: Wie kam es zur Entscheidungsfindung? Welche Bedürfnisse waren handlungsleitend? Wie habe ich mich im Spannungsfeld positioniert? Hätte ich etwas besser/anders machen können? Das Instrument der Reflexion wird demzufolge zur Erlangung von Handlungssicherheit, Legitimation und einer Metaperspektive in der Heimerziehung genutzt. Die Reflexion stellt sich als geeignetes Medium heraus, um das persönliche Gefühlserleben in der Beziehungsgestaltung und den Umgang mit Nähe und Distanz zu hinterfragen (vgl. FK 3, Abs. 25; FK 6, Abs. 24). *Ebert*

(2012, S. 27) schreibt Fachkräften reflexive Kompetenz zu, die ihre eigene Persönlichkeit mit ihren Stärken und Schwächen, ihren Vorlieben und Abneigungen als Teil der pädagogischen Arbeit begreifen.

Unsere Erkenntnisse zur Reflexion bestätigt auch *Merchels* (2013) Verortung im Bereich des Qualitätsmanagements. Er beschreibt, dass soziale Einrichtungen auf Reflexion angewiesen sind, um Aktivitäten zu beleuchten, die die Güte ihrer Arbeit ausmachen (vgl. *Merchel* 2013, S. 222). Weil die Nähe-Distanz-Antinomie handlungsleitend für Fachkräfte in der Heimerziehung ist, schreiben wir dem Medium der Reflexion in der Heimerziehung die Bedeutung von Legitimations- und Professionalitätssicherung zu (vgl. Abschn. 5.3). Reflexion versteht sich demzufolge als Faktor zur Entstehung von Qualität (vgl. *Merchel* 2013, S. 11). Auch unsere Schlussfolgerung, dass die *gedrosselte Beziehung* und die darin enthaltene Verortung im Spannungsfeld von Nähe und Distanz als Lernfeld zu verstehen ist, wird von *Merchel* (2013, S. 220) unterstützt. Er betitelt Organisationen als Lernsysteme, die ihre Fähigkeiten stetig weiter ausbauen. Dennoch sorgt die hohe Emotionalität der Nähe-Distanz-Thematik dafür, dass rationale Reflektion im Sinne des Qualitätsmanagements erschwert wird. Über die Literatur hinaus bedarf es neben Intervisionen auch externer Betrachtung (z. B. durch Supervisor*innen), da durch internen Austausch zwangsläufig eine emotionale Bewertung der Situation stattfindet. Neben den internen Reflexionsprozessen und der Idee von Supervision zur externen Betrachtung von Nähe-Distanz-Dilemmata haben auch Fort- und Weiterbildungsprozesse praktische Relevanz zur Bewältigung des Spannungsverhältnisses. Gerade Berufserfahrung hilft dabei, Nähe-Distanz-Probleme besser auflösen zu können. Dies wurde in mehreren Interviews mit noch unerfahrenen Fachkräften immer wieder deutlich: Die „etwas älteren [erfahrenen] Kollegen, die haben das immer relativ schnell klar – Nähe und Distanz" (FK 6, Abs. 21). Hierbei handelt es sich um einen Aspekt, der die theoretisch erfassten Erkenntnisse zur Nähe-Distanz-Thematik erweitert.

„Das Gelingen von pädagogischen Beziehungen steht und fällt mit der Balance des Spannungsverhältnisses zwischen Nähe und Distanz" (*Thiersch* 2019, S. 48). Je länger die Kinder und Jugendlichen jedoch in der Einrichtung leben, desto stärker wird ihr Gefühl der Verbundenheit und umso enger werden die Beziehungen zu dem Fachpersonal zwangsläufig. Tragfähige Beziehungen zu den Fachkräften und die damit einhergehende Nähe verstärken den Loyalitätskonflikt der Kinder und Jugendlichen zu ihren Herkunftsfamilien (vgl. FK 1, Abs. 23). Bei fehlender Zusammenarbeit zwischen Heim- und Familiensetting besteht die Gefahr, dass die jungen Menschen in Loyalitätskonflikte mit den Eltern verstrickt und dadurch in der Beziehungsaufnahme gehemmt werden. Fachkraft 1 beschreibt im Interview, dass Vernetzungsarbeit mit den Eltern fundamental für die Arbeit im Heimsetting sei (vgl. FK 1, Abs. 13). Diese Einschätzung ist zudem in Übereinstimmung mit den Ergebnissen von *Gehres* (1997): „Je offener die soziale Orientierung der betreuten Heimkinder, desto geringer sind ihre Zugehörigkeits- und Loyalitätskonflikte und desto größer ist ihre Bereitschaft, die Beziehungsangebote im Heim anzunehmen" (*Gehres* 1997, S. 202). Es wird die Gefahr gesehen, dass die Beziehung zu den Eltern durch eine Beziehung zu Fachkräften eingetauscht wird, welches durch Erkenntnisse der Literatur gestützt wird (vgl. *Abrahamczik* et al. 2013; *Kugler* 2010; *Arnold 2009; Gehres* 1997). Bei den jungen Menschen entstehen Zugehörigkeits- und Vertrautheitsgefühle, die wiederum Konfliktsituationen verursachen. Die Kinder und Jugendlichen haben das Gefühl, sie müssen sich für eines der Beziehungsangebote, und zwar entweder für das der Eltern oder das der Fachkräfte, entscheiden (vgl. *Gehres* 1997, S. 103). Zudem beschreibt *Gehres* (1997, S. 109) in seinen Untersuchungen, dass aus engen Beziehungen zwischen Adressat*innen und ihren Fachkräften das Risiko resultieren kann, dass die Kinder und Jugendlichen den Bezug zu ihrer Herkunftsfamilie gefährden oder sogar langfristig verlieren. Um dies zu verhindern, sind die Kooperation mit der Familie sowie Transparenz und Netzwerkarbeit elementar, um die Konflikte für die Kinder lösbar zu machen (vgl. *Kugler* 2010, S. 21). Ebenso bestätigen *Abrahmaczik* et al. (2013, S. 22) in ihrer Publikation, dass ein Austausch und die Abstimmung mit dem Herkunftssystem elementar für die Arbeit im Heim sind.

Neben den aufgezeigten Instrumenten, die für die Beziehungsgestaltung im Spannungsfeld von Nähe und Distanz nützlich sind und den Unsicherheiten im Umgang entgegenwirken können, kommen wir zu der Erkenntnis, dass es kaum möglich ist, konkrete Handlungsempfehlungen auszusprechen. In erster Linie ist das dem Charakteristikum des Technologiedefizits der Sozialen Arbeit geschuldet (vgl. Kap. 3). Diese Annahme bestätigen wir, weil die *gedrosselte Beziehung* sowohl von den Erfahrungen der Kinder und Jugendlichen als auch von der professionellen Beziehungsgestaltung der Fachkräfte beeinflusst wird. Dabei unterscheiden sich die Bedürfnisse der jungen Menschen nach Nähe, ihre erlebten Beziehungserfahrungen und die persönlichen Grenzen der Fachkräfte als auch die individuelle Positionierung im Balanceakt von Nähe und Distanz. Die Struktur sozialer Prozesse lässt keine kausalen Ursache-Wirkungs-Zusammenhänge zu und erfordert autonomes und situationsbezogenes Handeln der Fachkräfte. *Schäfter* (2010) stützt unsere Erkenntnis: „Die Verortung auf dem Kontinuum zwischen emotionaler Nähe und […] Distanz muss von der Fachkraft individuell und situativ flexibel gestaltet werden" (*Schäfter* 2010, S. 63). Die Komplexität der Situationen macht eine Festlegung bestimmter Handlungsweisen im Spannungsfeld unmöglich, da sie ständige Neukonstruktionen erfordert.

Aus diesen Gründen müssen und möchten wir davon absehen, konkrete Handlungsabläufe festzulegen, weil diese keine Hilfestellung oder Entlastung bedeuten, sondern im Gegensatz dazu Unsicherheiten verstärken würden. Dennoch verleiten das Streben nach Handlungssicherheit und das Technologiedefizit dazu, Routinen zu entwickeln. Der Gefahr routinierten Handelns im Spannungsfeld kann durch die aufgeführten praktischen Implikationen begegnet werden, sodass Fachkräfte situative Flexibilität beibehalten. Daran anknüpfend werden nachfolgend die Kernaussagen unserer Studie zusammengefasst und ein Ausblick gegeben.

Fazit

7

Das Ziel dieser Studie ist die Gewinnung empirischer Erkenntnisse zur Beantwortung der Forschungsfrage: Welche Bedeutung haben Nähe und Distanz für die Beziehungsgestaltung in stationären Heimeinrichtungen der Kinder- und Jugendhilfe? Die aufgeworfene Frage wurde sowohl auf Basis der bestehenden Literatur als auch mittels generierter Daten bearbeitet, die das Phänomen entschlüsseln und in einen Bedeutungszusammenhang setzen. Aus den Ergebnissen der empirischen Studie lassen sich über die bereits in der Literatur bekannten und von uns bestätigten Erkenntnisse weitere praktische Perspektiven für die Beziehungsgestaltung im Heim ableiten.[1] Nähe und Distanz zeichnen sich als wesentliche Indikatoren ab, die für die Arbeit in Heimeinrichtungen von den Fachkräften als unabdingbar wahrgenommen werden. Ihre Bedeutung ist von hoher Relevanz und ein wesentlicher Bestandteil der stationären Heimerziehung. Denn ohne die Nähe-Distanz-Antinomie wäre die professionelle Arbeit im Heimsetting nicht vorstellbar bzw. gar nicht möglich, was die nachfolgende Interviewpassage verdeutlicht:

---

[1] Die Erkenntnisse sind in der Struktur des Handlungsfeldes begründet und sind daher nicht als Wertung individuellen Handelns der Forschungspartner*innen zu verstehen. Sie dienen vielmehr dem Erkenntnisgewinn für die Theoriebildung der Heimerziehung.

L. Friedrichs und A. Waluga, *Die gedrosselte Beziehung,* Forschungsreihe der FH Münster, https://doi.org/10.1007/978-3-658-36024-5_7

I 1: „Stellen Sie sich vor Nähe und Distanz wären keine Bestandteile Ihrer Arbeit, was würde passieren?"

FK 6: „Ich hätte übergriffige Kinder wahrscheinlich, die nicht wüssten wo Grenzen sind. Ich hätte vielleicht Kollegen, die nach Hause fahren und sagen »verdammt, ich bin permanent in meinen Grenzen verletzt worden, ich weiß gar nicht ob ich diese Arbeit schaffe«. Ehm ja, also es wäre (lacht) ein absolutes Chaos".

(FK 6, Abs. 23 f.)

Die Studie zeigt, dass Nähe und Distanz in der Praxis durch ein Spannungsfeld charakterisiert sind, mit welchem sich die Fachkräfte in ihrer täglichen Arbeit auseinandersetzen müssen. Gleichzeitig bestimmt dieses Spannungsfeld den institutionellen Alltag im Handlungsfeld der Heimerziehung. Allerdings spielt nicht nur die Nähe-Distanz-Thematik eine wesentliche Rolle, sondern auch die Beziehungsgestaltung, die einen zentralen Baustein der pädagogischen Arbeit ausmacht. Das Resultat des maßvollen Einsatzes beider Größen in der Heimerziehung mündet in der sogenannten *gedrosselten Beziehung*. Diese Art der Beziehung verschafft den Fachkräften Professionalität und Legitimation im Handlungsfeld. Nähe gilt dabei als Voraussetzung für die Gestaltung einer Beziehung und bildet ein unverzichtbares Fundament, das zur Befriedigung grundlegender Bedürfnisse der jungen Menschen beiträgt. Im Unterschied zu persönlichen Beziehungen im privaten Umfeld finden Beziehungen im Heim gedrosselt statt. Diese Drosselung entsteht durch den reflektierten Einsatz von Nähe und Distanz und sorgt dafür, dass Beziehung nicht das Maß eines Arbeitsbündnisses übersteigt, aber trotzdem aufgebaut werden kann. Damit dies gelingen kann, ist der Beziehungsaufbau an strukturelle Gegebenheiten geknüpft. Hier spielt das System der Bezugsbetreuung eine entscheidende Rolle für die Nähe zu den Kindern und Jugendlichen. Dienstzeiten und die vorbestimmte Beendigung der Beziehungen durch das System der Heimerziehung bilden Strukturen, die Distanz schaffend sind. Distanz ist die Größe, mit der Nähe gedrosselt wird. Sie hilft dabei persönliche Anliegen der Fachkräfte vom Heimalltag abzugrenzen, fachliches Handeln im Sinne des gesellschaftlichen Auftrags zu legitimieren und professionelles Handeln zu ermöglichen, ohne der Gefahr emotionaler Verstrickung zu unterlaufen. Nähe und Distanz in der Beziehungsgestaltung charakterisieren zudem den *Jobcharakter* der Heimerziehung, der sich bspw. von der Normalität eines Familiensystems abgrenzt. Das zentrale Phänomen der *gedrosselten Beziehung,* das die Bedeutung von Nähe und Distanz für die Beziehungsgestaltung abbildet, ist in der nachfolgenden Grafik sinnbildlich (Abb. 7.1) als Trichter dargestellt.

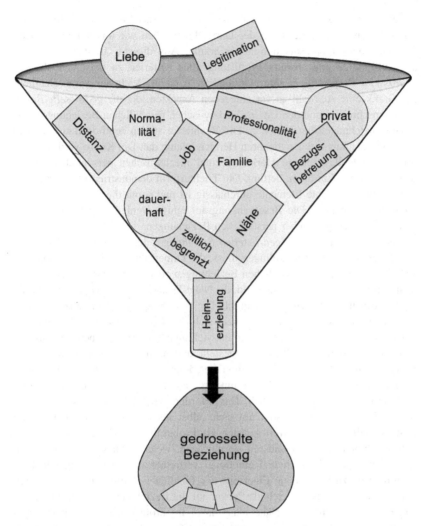

Abbildung 7.1 Die gedrosselte Beziehung. (eigene Darstellung)

Die Abbildung veranschaulicht unser Ergebnis der *gedrosselten Beziehung*
im stationären Heimsetting. In der Darstellung haben wir uns auf wesentliche
Elemente der Ergebnisdiskussion beschränkt. Aus diesem Grund ist sie nicht
als vollständige und absolute Auflistung aller Kriterien zu verstehen, die die
gedrosselte Beziehung in ihrer Gesamtheit darstellt. Vielmehr veranschaulicht
die Grafik eine Auswahl an verschiedenen Aspekten, die die *gedrosselte Beziehung* umschreiben und den Unterschied zwischen persönlichen Beziehungen und
Arbeitsbeziehungen herausstellen. Die Rechtecke stellen zentrale Bausteine der
Arbeitsbeziehung in der stationären Heimerziehung dar. Die Kreise verdeutlichen
im Gegensatz dazu einige Merkmale einer idealtypischen persönlichen Beziehung, bspw. im familiären Setting. Die Trichterform demonstriert eine Art Filter,
der nur für bestimmte Elemente durchlässig ist und somit die *gedrosselte Beziehung* entstehen lässt. Die Beschränkung auf einige wenige Merkmale markiert
den Unterschied gegenüber persönlichen Beziehungen.

Die Kernkategorie der *gedrosselten Beziehung* zeigt auf, dass es Fachkräften in der Heimerziehung gelingen muss, die Dimensionen einer professionellen
Arbeitsbeziehung und persönlichen Beziehungen zu vereinen. Dieser Aspekt verdeutlicht das zentrale Spannungsfeld, die Nähe-Distanz-Antinomie, und macht die
Rollendiffusität der Fachkräfte deutlich. Die Beziehung zwischen Pädagog*innen
und ihren Adressat*innen kennzeichnet sich den Ergebnissen zufolge nicht nur
durch ihren *Jobcharakter*. Damit ein entwicklungsförderndes Arbeitsbündnis mit
den Kindern und Jugendlichen hergestellt und aufrechterhalten werden kann,
müssen sich Fachkräfte auch mit ihrer Persönlichkeit für die Beziehungsgestaltung anbieten. Dafür ist das Wissen um ihre eigene Person sowie die Zuwendung
zu ihrem Gegenüber unerlässlich. Das erfordert eine reflexive Auseinandersetzung mit der eigenen Person, um sich selbst als Werkzeug zu erfahren und
professionell zu nutzen. Weil sie sich als Fachkräfte zwischen Institution und
Adressat*innen bewegen, müssen sie abwägen, welches Maß an Beziehung zu
den Klient*innen fachlich und emotional vertretbar ist. Es gilt folgende Herausforderung zu bewältigen: Einerseits den fachlichen Auftrag zu gewährleisten
und sich andererseits zugleich als Person auf die Beziehung zu den Kindern und
Jugendlichen einzulassen. Nähe muss dabei im professionellen Kontakt zugelassen werden, aber zugleich kontrolliert stattfinden, damit die Möglichkeit zur
Distanzwahrung aufrechterhalten bleibt. Doch wie können die Fachkräfte ihrer
Aufgabe der Beziehungsgestaltung gerecht werden? Und was bedeutet dabei die
Drosselung der Beziehung für die Arbeit in der Heimerziehung?

Die Drosselung der Beziehung kann insgesamt als Rahmen verstanden werden,
an dem sich Fachkräfte im Spannungsfeld orientieren. Gelingende Beziehungsgestaltung ist nicht nur an der Kompetenz der Fachkräfte gemessen, sondern

auch durch die Struktur des Handlungsfeldes bzw. der Institution bestimmt. Wir können anhand unserer Erkenntnisse feststellen, dass Fachkräften Möglichkeiten geschaffen werden müssen, *gedrosselte Beziehung* zu gestalten. In praktischer Hinsicht bedarf es dafür konzeptioneller Räume für Reflexion und Supervision, in denen sich die Pädagog*innen selbst erproben und reflektieren können. Nur so ist es möglich Beziehung aufzubauen, das Spannungsfeld von Nähe und Distanz zu bewältigen und dabei handlungsfähig zu bleiben. Darüber hinaus können Fort- und Weiterbildungsmaßnahmen hilfreich sein, um Unsicherheiten von Berufseinsteiger*innen in der Heimerziehung zu begegnen und den Lernprozess zum Umgang mit Nähe und Distanz zu gestalten. Diese praktischen Implikationen finden sich bereits in der Theorie sowie auch im Alltag des Handlungsfeldes wieder. Dennoch bedarf es einer erhöhten Priorisierung, die Reflexions- und Supervisionsprozesse verbindlich macht und im Organisationsalltag fest verankert.

Als Ergänzung konzeptionell verankerter Reflexionsräume in Heimeinrichtungen sehen wir es als Chance für Fachkräfte, Einführungsseminare zu besuchen (z. B. „Nähe und/oder Distanz? Zur Positionierung in professionellen Beziehungen"). Gerade das unerfahrene Fachpersonal kann darin Unterstützung und Sicherheit im Umgang mit der Nähe-Distanz-Thematik erfahren und erste Erprobungen der eigenen Positionierung im Spannungsfeld machen, die nicht unmittelbar im Kontakt zu den Klient*innen stattfinden. So kann ein reflektierter Einsatz der eigenen Person für die *gedrosselte Beziehung* zu fremden Kindern und Jugendlichen bereits zu Beginn der beruflichen Tätigkeit gelingen. Es kann früh ein Bewusstsein für die sensible Thematik geschaffen, Fachkompetenz erweitert und die Möglichkeit zum Austausch mit anderen Kolleg*innen gegeben werden.

Dennoch bleibt die Frage nach der generellen Wirksamkeit der *gedrosselten Beziehung* offen. Beziehung wird sowohl im wissenschaftlichen Kontext als auch von pädagogischen Fachkräften als das zentrale Fundament der Heimerziehung angesehen. Beziehung als solche ist aber aus professioneller Sicht im Arbeitskontext nicht sicher herstellbar. Um das Phänomen der *gedrosselten Beziehung* genauer zu untersuchen, braucht es die Erfassung der Sichtweisen aller Akteur*innen im Handlungsfeld. Dies ist gleichzeitig die größte Limitation dieser Arbeit. Zum einen stützt sich unsere Untersuchung auf eine kleine Gruppe befragter Personen, sodass nur begrenzt auf weitere Träger und Akteur*innen geschlossen werden kann. Zum anderen bilden die Interviewdaten subjektive Erfahrungen von Forschungspartner*innen zwei spezifischer Einrichtungen ab. Dies schränkt die Generalisierbarkeit der Ergebnisse ein. Das Ziel dieser Arbeit ist es jedoch nicht, generalisierbare Ergebnisse zu liefern, sondern einen ersten Ansatzpunkt für weitere Forschung zur *gedrosselten Beziehung* zu geben. Die Limitationen dieser Arbeit lassen somit Raum für weitere Forschungsmöglichkeiten. Die vorliegende Studie könnte durch weiterführende empirische Forschung mit anderen Daten und Methoden die Ergebnisse dieser Arbeit stützen und ausbauen. Beispielsweise könnte eine höhere Anzahl an Interviews bzw. Einrichtungen, die zusätzliche Befragung von Kindern und Jugendlichen im Feld oder die Beobachtung konkreter Interaktionen im Balanceakt von Nähe und Distanz die hier festgestellten Ergebnisse weiter untersuchen. Erst dann besteht die Möglichkeit generalisierbare Aussagen über die Wirksamkeit von Beziehung und das Erleben der sogenannten Drosselung zu tätigen. Darüber hinaus liefern die Ergebnisse Ansatzpunkte dafür, weitere zentrale Phänomene und Hypothesen zu untersuchen. Wir sehen es als untersuchungswürdig, das zentrale Phänomen dieser Studie genauer zu betrachten. Inwiefern kann die *gedrosselte Beziehung* für korrigierende Beziehungserfahrungen im Heim sorgen, wenn sie bereits durch die Struktur des Handlungsfeldes auf Beendigung ausgerichtet ist? Kann Heimerziehung dann von einer Korrektur vergangener Erfahrungen sprechen oder geht es vielmehr um das Kennenlernen einer neuen Beziehungsform, einem pädagogischen Arbeitsbündnis? Eine Wirksamkeitsstudie über die *gedrosselte Beziehung* sollte die Frage nach günstigen Entwicklungsoptionen für die jungen Menschen unter Wahrung professioneller Distanz behandeln. Sollte Beziehung nicht das leisten können, was Heimerziehung in ihrer Beschaffenheit verspricht, bedarf es einer Reform struktureller und konzeptioneller Rahmenbedingungen.

Des Weiteren haben unsere Erkenntnisse über das Zusammenspiel von Nähe, Distanz und Beziehung Relevanz für weitere Felder der Sozialen Arbeit außerhalb des Heimsettings. Wir gehen davon aus, dass alle sozialen Dienstleistungen, in denen Beziehungsarbeit das Fundament einer gelingenden Hilfeleistung darstellt, das Phänomen der Drosselung benötigen, um professionell handlungsfähig zu bleiben. Demzufolge können die zuvor beschriebenen praktischen Implikationen (Abschn. 6.3) nicht nur in der Heimerziehung hilfreich sein. Um herauszufinden, inwiefern das auf andere Felder der Sozialen Arbeit übertragbar ist, in denen Nähe-Distanz-Verhältnisse reguliert werden, bietet sich ebenfalls der hier gewählte Forschungsstil an. Denn wie sich das Spannungsfeld konkret in anderen Tätigkeitsfeldern ausgestaltet, bspw. in (sozialpädagogischen) Beratungskontexten, bleibt in dieser Studie offen und bedarf gezielter Untersuchungen zur Ableitung praxisfeldbezogener Erkenntnisse. Das Spannungsverhältnis von Nähe und Distanz als ein *„Manko [...] in der Jugendhilfe"* (FK 6, Abs. 17) erfordert eine sensible und reflektierte Auseinandersetzung. Sobald es um Beziehung geht, spielen persönliche Aspekte und auch Emotionen mit. Beziehung in der stationären Heimerziehung findet unter professionellem Einsatz von Nähe und Distanz immer gedrosselt statt. Verliert Beziehung ihren gedrosselten Charakter, weicht auch professionelle Handlungsfähigkeit und Legitimation. Sie kann gefährlich für die Fachkräfte und ihre Klient*innen werden.

Literaturverzeichnis

Abeld, Regina (2017): Professionelle Beziehungen in der Sozialen Arbeit. Eine integrale Exploration im Spiegel der Perspektiven von Klienten und Klientinnen. Wiesbaden: Springer VS.

Abrahamczik, Volker/Hauff, Steffen/Kellerhaus, Theo/Küpper, Stefan/Raible-Mayer, Cornelia/Schlotmann, Hans-Otto (2013): Nähe und Distanz in der (teil-)stationären Erziehungshilfe. Eine Ermutigung in Zeiten der Verunsicherung. Freiburg im Breisgau: Lambertus-Verlag.

Aghamiri, Kathrin/Streck, Rebecca (2016): Von der Arbeit am Begriff – Die Bedeutung des Suchens, Findens und Bearbeitens von kategorialen Begriffen in der Grounded Theory. In: *Equit, Claudia/Hohage, Christoph* (Hrsg.): Handbuch Grounded Theory. Von der Methodologie zur Forschungspraxis. Weinheim, Basel: Beltz Juventa. S. 201–216.

Arnold, Susan (2009): Vertrauen als Konstrukt. Sozialarbeiter und Klienten in Beziehung. Marburg: Tectum Verlag.

Baader, Meike (2012): Blinde Flecke in der Debatte über sexualisierte Gewalt. In: *Thole, Werner/Baader, Meike/Helsper, Werner/Kappeler, Manfred/Leuzinger-Bohleber, Marianne/Reh, Sabine/Sielert, Uwe/Thompson, Christiane* (Hrsg.): Sexualisierte Gewalt, Macht und Pädagogik. Opladen: Budrich. S. 84–99.

Bauer, Joachim (2019): Einfühlung, Zuwendung und pädagogische Führung: Die Bedeutung der Beziehung für Lehren und Lernen. Eine neurobiologisch fundierte Perspektive. In: *Herrmann, Ulrich* (Hrsg.): Pädagogische Beziehungen. Grundlagen – Praxisformen – Wirkungen. Weinheim, Basel: Beltz Juventa. S. 35–41.

Baur, Dieter/Finkel, Margarete/Hamberger, Matthias/Kühn, Axel D./Thiersch, Hans (1998): Leistungen und Grenzen der Heimerziehung. Schriftreihen des Bundesministeriums für Familie, Senioren, Frauen und Jugend, Bd. 170. Stuttgart: Kohlhammer.

Bennewitz, Hedda (2013): Entwicklungslinien und Situationen des qualitativen Forschungsansatzes in der Erziehungswissenschaft. In: *Friebertshäuser, Barbara/Langer, Antje/Prengel, Annedore* (Hrsg.): Handbuch Qualitative Forschungsmethoden in der Erziehungswissenschaft. 4. Auflage. Weinheim, München: Beltz Juventa. S. 43–59.

Best, Laura (2020): Nähe und Distanz in der Beratung. Das Erleben der Beziehungsgestaltung aus der Perspektive der Adressaten. Wiesbaden: Springer VS.

© Der/die Herausgeber bzw. der/die Autor(en), exklusiv lizenziert durch Springer Fachmedien Wiesbaden GmbH, ein Teil von Springer Nature 2021
L. Friedrichs und A. Waluga, *Die gedrosselte Beziehung,* Forschungsreihe der FH Münster, https://doi.org/10.1007/978-3-658-36024-5

Bierisch, Peter/Ferchhoff, Wilfried/Stüwe, Gerd (1978): Handlungsforschung und interaktionstheoretische Sozialwissenschaft. In: Neue Praxis, Jg. 8, S. 114–128.

Bigos, Sabrina Isabell (2014): Kinder und Jugendliche in heilpädagogischen Heimen. Biografische Erfahrungen und Spuren der Heimerziehung aus Adressatensicht. Weinheim, Basel: Beltz Juventa.

Bodendorf, Freimut/Hofmann, Jan/Löffler, Carolin (2010): Forschungsmethoden in der Wirtschaftsinformatik. Nürnberg: Lehrstuhl für Wirtschaftsinformatik II.

Böhle, Andreas/Grosse, Martin/Schrödter, Mark/van der Berg, Willi (2012): Beziehungsarbeit unter den Bedingungen von Freiwilligkeit und Zwang. Zum gelingenden Aufbau pädagogischer Arbeitsbündnisse in verschiedenen Feldern der Kinder- und Jugendhilfe. In: Soziale Passagen, Jg. 4/Heft 2. S. 183–202.

Breuer, Franz/Günter, Mey/Mruck, Katja (2011): Subjektivität und Selbst-/Reflexivität in der Grounded-Theory-Methodologie. In: *Mey, Günter/ Mruck, Katja* (Hrsg.): Grounded Theory Reader. 2. Auflage. Wiesbaden: VS Verlag für Sozialwissenschaften. S. 427–448.

Breuer, Franz/Muckel, Petra/Dieris, Barbara (2019): Reflexive Grounded Theory. Eine Einführung für die Forschungspraxis. 4. Auflage. Wiesbaden: Springer VS.

Clarke, Adele E. (2011): Von der Grounded-Theory-Methodologie zur Situationsanalyse. In: *Mey, Günter/Mruck, Katja* (Hrsg.): Grounded Theory Reader. 2 Auflage. Wiesbaden: VS Verlag für Sozialwissenschaften. S. 207–229.

Colla, Herbert/Krüger, Tim (2013): Der pädagogische Bezug – ein Beitrag zum sozialpädagogischen Können. In: *Blaha, Kathrin/Meyer, Christine/ Colla, Herbert/ Müller-Teusler, Stefan* (Hrsg.): Die Person als Organon in der Sozialen Arbeit. Erzieherpersönlichkeit und qualifiziertes Handeln. Wiesbaden: Springer VS. S. 19–54.

Dörr, Margret (2010): Nähe und Distanz. Zum grenzwahrenden Umgang mit Kindern in pädagogischen Arbeitsfeldern. In: Forum Sexualaufklärung und Familienplanung, Heft 3. S. 20–24.

Dörr, Margret (Hrsg.) (2019): Nähe und Distanz. Ein Spannungsfeld pädagogischer Professionalität. 4. Auflage. Weinheim, Basel: Beltz Juventa.

Dörr, Margret/Müller, Burkhard (Hrsg.) (2012): Nähe und Distanz. Ein Spannungsfeld pädagogischer Professionalität. 3. Auflage. Weinheim, Basel: Beltz Juventa.

Dörr, Margret/Müller, Burkhard (2019): Einleitung: Nähe und Distanz als Strukturen der Professionalität pädagogischer Arbeitsfelder. In: *Dörr, Margret* (Hrsg.): Nähe und Distanz. Ein Spannungsfeld pädagogischer Professionalität. 4. Auflage. Weinheim, Basel: Beltz Juventa. S. 14–41.

Drieschner, Elmar (2011): Bindung in familialer und öffentlicher Erziehung. Zum Zusammenhang von psychischer Sicherheit, Explorationssicherheit und früher Bindung im geteilten Betreuungsfeld. In: *Drieschner, Elmar/Gaus, Detlef* (Hrsg.). Liebe in Zeiten pädagogischer Professionalisierung. Wiesbaden: VS Verlag für Sozialwissenschaften, S. 105–156.

Duden (2020): Drosselung. Online: https://www.duden.de/rechtschreibung/Drosselung (Zugriff: 24.09.2020).

Ebert, Jürgen (2012): Reflexion als Schlüsselkategorie professionellen Handelns in der Sozialen Arbeit. Hildesheim, Zürich, New York: Georg Olms Verlag.

Equit, Claudia/Hohage, Christoph (2016): Ausgewählte Entwicklungen und Konfliktlinien der Grounded-Theory-Methodologie. In: *Equit, Claudia/Hohage, Christoph* (Hrsg.):

Handbuch Grounded Theory. Von der Methodologie zur Forschungspraxis. Weinheim, Basel: Beltz Juventa. S. 9–46.

Esser, Klaus (2014): Bindungsaspekte in der stationären Jugendhilfe – Lernen aus der Erfahrung ehemaliger Kinderdorfkinder. In: *Trost, Alexander* (Hrsg.). Bindungsorientierung in der Sozialen Arbeit. Basel: Löer Druck, S. 145–156.

Falkenberg, Kathleen (2020): Gerechtigkeitsüberzeugungen bei der Leistungsbeurteilung. Eine Grounded-Theory-Studie mit Lehrkräften im Deutsch-Schwedischen Vergleich. Wiesbaden: Springer VS.

Finke, Betina (2019): Kinder in Heimen und Pflegefamilien. Rechtliche Rahmenbedingungen stationärer Jugendhilfe. München: Verlag C.H. Beck oHG.

Flick, Uwe (2011): Triangulation. Eine Einführung. 3. Auflage. Wiesbaden: VS Verlag für Sozialwissenschaften.

Flick, Uwe (2014): Gütekriterien qualitativer Sozialforschung. In: *Baur, Nina/Blasius, Jörg* (Hrsg.): Handbuch Methoden der empirischen Sozialforschung. Wiesbaden: Springer VS. S. 411–423.

Friebertshäuser, Barbara/Richter, Sophia/Boller, Heike (2013): Theorie und Empirie im Forschungsprozess und die „Ethnographische Collage" als Auswertungsstrategie. In: *Friebertshäuser, Barbara/Langer, Anja/Prengel, Annedore* (Hrsg.): Handbuch Qualitative Forschungsmethoden in der Erziehungswissenschaft. 4. Auflage. Weinheim, München: Beltz Juventa. S. 379–396.

Friedrichs, Luisa/Hilgefort, Swantje/Kaune, Lena/Waluga, Annalena (2019): Forschungsbericht Nähe und Distanz. „Wie erleben Fachkräfte und Kinder/Jugendliche (im Alter von 10–15 Jahren) den Umgang mit Nähe und Distanz in der stationären Heimerziehung?" [unveröffentlichtes Manuskript].

Gahleitner, Silke Birgitta (2014): Bindung biopsychosozial. Professionelle Beziehungsgestaltung in der Klinischen Sozialarbeit. In: *Trost, Alexander* (Hrsg.): Bindungsorientierung in der Sozialen Arbeit. Grundlagen – Forschungsergebnisse – Anwendungsbereiche. Dortmund: Borgmann Publishing. S. 55–72.

Gahleitner, Silke Birgitta (2017): Soziale Arbeit als Beziehungsprofession. Bildung, Beziehung und Einbettung professionelle ermöglichen. Weinheim, Basel: Beltz Juventa.

Gahleitner, Silke Birgitta (2017a): Das pädagogisch-therapeutische Milieu in der Arbeit mit Kindern und Jugendlichen. Trauma- und Beziehungsarbeit in stationären Einrichtungen. Köln: Psychiatrie Verlag.

Gahleitner, Silke Birgitta (2019): Professionelle Beziehungsgestaltung in der psychosozialen Arbeit und Beratung. Tübingen: dgvt-Verlag.

Gaus, Detlef/Drieschner, Elmar (2011): Pädagogische Liebe. Anspruch oder Widerspruch von professioneller Erziehung? In: *Drieschner, Elmar/Gaus, Detlef* (Hrsg.). Liebe in Zeiten pädagogischer Professionalisierung. Wiesbaden: VS Verlag für Sozialwissenschaften, S. 7–26.

Gaus, Detlef/Uhle, Reinhard (2009): ‚Liebe' oder ‚Nähe' als Erziehungsmittel. Mehr als ein semantisches Problem! In: *Meyer, Christine/Tetzer, Michael/Rensch, Katharina* (Hrsg.): Liebe und Freundschaft in der Sozialpädagogik. Personale Dimension professionellen Handelns. Wiesbaden: VS Verlag für Sozialwissenschaften. S. 23–43.

Gehres, Walter (1997): Das zweite Zuhause. Lebensgeschichte und Persönlichkeitsentwicklung von Heimkindern. Opladen: Leske und Budrich.

Genz-Rückert, Manja (2009): Die Bedeutung von Beziehungsarbeit in der Heimerziehung unter Berücksichtigung von Möglichkeiten und Grenzen. Online: https://digibib.hs-nb. de/file/dbhsnb_thesis_0000000299/dbhsnb_derivate_0000000473/Diplomarbeit-Genz-Rueckert-2009.pdf (Zugriff: 18.09.2020).

Giesecke, Hermann (1997): Die pädagogische Beziehung. Pädagogische Professionalität und die Emanzipation des Kindes. 2. Auflage. Weinheim, München: Beltz Juventa.

Giesecke, Hermann (2013): Ist der Begriff „pädagogische Beziehung" sinnvoll? In: *Strobel-Eisele, Gabriele/Roth, Gabriele* (Hrsg.): Grenzen beim Erziehen. Nähe und Distanz in pädagogischen Beziehungen. Stuttgart: Kohlhammer. S. 67–78.

Glaser, Barney G./Strauss, Anselm (1998): Grounded Theory. Strategien qualitativer Forschung. Bern: Huber.

Gläser-Zikuda, Michaela (2015): Qualitative Auswertungsverfahren. In: *Heinz, Reinders/Ditton, Hartmut/Gräsel, Cornelia/Gniewosz, Burkhard* (Hrsg.): Empirische Bildungsforschung. Strukturen und Methoden. 2. Auflage. Wiesbaden: Springer VS. S. 119–130.

Glinka, Hans-Jürgen (2016): Das narrative Interview. Eine Einführung für Sozialpädagogen. Weinheim, Basel: Beltz Juventa.

Gräber, Doris (2015): Nähe und Distanz. Ihre Bedeutung für die berufliche Identität der Sozialarbeit. In: Soziale Arbeit, Jg. 64/Heft 9. S. 329–334.

Grau, Ina (2003): Emotionale Nähe. In: *Grau, Ina/Bierhoff, Hans-Werner* (Hrsg.): Sozialpsychologie der Partnerschaft. Berlin, Heidelberg: Springer VS. S. 285–314.

Günder, Richard (2015): Praxis und Methoden der Heimerziehung. Entwicklungen, Veränderungen und Perspektiven der stationären Erziehungshilfe. 5. Auflage. Freiburg im Breisgau: Lambertus-Verlag.

Harmsen, Thomas (2013): Konstruktionsprinzipien gelingender Professionalität in der Sozialen Arbeit. In: *Beckert-Lenz, Roland/Busse, Stefan/Ehlert, Gudrun/Müller-Hermann, Silke* (Hrsg.): Professionalität in der Sozialen Arbeit. Standpunkte, Kontroversen, Perspektiven. 2. Auflage. Wiesbaden: Springer VS. S. 265–274.

Hartwig, Luise/Kugler, Christine/Schone, Reinhold (2009): „Pädagogische Prozesse in Regelgruppen der stationären Heimerziehung – Entwicklungen und Perspektiven. Online: https://www.yumpu.com/de/document/read/5376211/padagogische-prozesse-in-regelgruppen-der-diakonie-rheinland- (Zugriff: 15.10.2020).

Heidemann, Wilhelm/Greving, Heinrich (2011): Praxisfeld Heimerziehung. Lehrbuch für sozialpädagogische Berufe. Köln: Bildungsverlag EINS.

Heiner, Maja (2010): Kompetent handeln in der Sozialen Arbeit. München: Ernst Reinhardt Verlag.

Hoffmann, Birte/Castello, Armin (2014): Bindungserfahrungen. In: *Castello, Armin* (Hrsg.): Entwicklungsrisiken bei Kindern und Jugendlichen. Prävention im pädagogischen Alltag. Stuttgart: Kohlhammer, S. 9–21.

Höld, Regina (2009): Zur Transkription von Audiodaten. In: *Buber, Renate/Holzmüller, Hartmut* (Hrsg.): Qualitative Marktforschung. Konzepte – Methode – Analysen. Wiesbaden: Gabler. S. 655–668.

Jungmann, Tanja/Reichenbach, Christina (2016): Bindungstheorie und pädagogisches Handeln. Ein Praxisleitfaden. 4. Auflage. Dortmund: Borgmann Media.

Kergel, David (2018): Qualitative Bildungsforschung. Ein integrativer Ansatz. Wiesbaden: Springer VS

Klika, Dorle (2013): Herman Nohls Pädagogischer Bezug: Analyse und Rekonstruktion. In: *Strobel-Eisele, Gabriele/Roth, Gabriele* (Hrsg.): Grenzen beim Erziehen. Nähe und Distanz in pädagogischen Beziehungen. Stuttgart: Kohlhammer. S. 37–49.

Koch, Sascha (2018): Die Legitimität der Organisation. Eine Untersuchung von Legitimationsmythen des Zweiten Bildungswegs. Wiesbaden: Springer VS.

Kowalski, Marlene (2020): Nähe, Distanz und Anerkennung in pädagogischen Beziehungen. Rekonstruktionen zum Lehrerhabitus und Möglichkeiten der Professionalisierung. Wiesbaden: Springer VS.

Kowalski, Marlene (2020a): Sexueller Kindesmissbrauch in der evangelischen und katholischen Kirche. Fallstudie: Sexueller Kindesmissbrauch im Kontext der katholischen und evangelischen Kirche. Auswertung der vertraulichen Anhörungen und schriftlichen Berichte der Unabhängigen Kommission zur Aufarbeitung sexuellen Kindesmissbrauchs. In: *Unabhängige Kommission zur Aufarbeitung sexuellen Kindesmissbrauchs* (Hrsg.): Geschichten, die zählen. Band I: Fallstudien zu sexuellem Kindesmissbrauch in der evangelischen und katholischen Kirche und in der DDR. Wiesbaden: Springer VS. S. 9–169.

Krautz, Jochen/Schieren, Jost (2013): Persönlichkeit und Beziehung als Grundlage der Pädagogik. Zur Einführung. In: *Krautz, Jochen/Schieren, Jost* (Hrsg.): Persönlichkeit und Beziehung als Grundlage der Pädagogik. Weinheim, Basel: Beltz Juventa. S. 7–28.

Kuckartz, Udo (2018): Qualitative Inhaltsanalyse – Methoden, Praxis, Computerunterstützung. 4. Auflage. Weinheim, Basel: Beltz Juventa.

Kugler, Christine (2010): Bezugserzieher*in der Heimerziehung. In: Evangelische Jugendhilfe. Jg. 87/Heft 1. S. 18–28.

Kurz, Andrea/Stockhammer, Constanze/Fuchs, Susanne/Meinhard, Dieter (2009): Das problemzentrierte Interview. In: *Buber, Renate/Holzmüller, Hartmut H.* (Hrsg.): Qualitative Marktforschung. Konzepte – Methoden – Analysen. Wiesbaden: Gabler. S. 463–475.

Lamnek, Siegfried/Krell, Claudia (2016): Qualitative Sozialforschung. 6. Auflage. München, Weinheim: Beltz Juventa.

Landkammer, Joachim (2012): „Doch die Nähe bleibt dem Menschen am fernsten.". Kreisende Annäherungen an die Semantik von Nähe und Distanz. In: *Jansen, Stephan A./Stehr, Nico/Schröter, Eckhard* (Hrsg.): Positive Distanz? Multidisziplinäre Annäherungen an den wahren Abstand und das Abstandwahren in Theorie und Praxis. Wiesbaden: Springer VS. S. 13–52.

Leck, Melissa (2018): Besonderheiten des Spannungsverhältnisses von Nähe und Distanz in der Offenen Kinder- und Jugendarbeit. In: deutsche jugend. Jg. 66/Heft 9. S. 367–374.

Lehmann, Maren (2012): Negative Distanz. In: *Jansen, Stephan A./Stehr, Nico/Schröter, Eckhard* (Hrsg.): Positive Distanz? Multidisziplinäre Annäherungen an den wahren Abstand und das Abstandwahren in Theorie und Praxis. Wiesbaden: Springer VS. S. 53–82.

Mahlke, Marie/Wenning, Julia (2016): Nähe und Distanz – eine Herausforderung für die soziale Arbeit. Eine empirische Forschung über den Umgang mit Nähe und Distanz am Beispiel der Heimerziehung. Online: https://opus4.kobv.de/opus4-hs-duesseldorf/files/812/FBSK_Bachelorarbeit_WiSe16_Mahlke_Wenning.pdf (Zugriff: 23.09.2020)

Mayring, Philipp (2002): Einführung in die qualitative Sozialforschung. 5. Auflage. Weinheim/Basel: Beltz Juventa.

Mayring, Philipp (2016): Einführung in die qualitative Sozialforschung. 6. Auflage. Weinheim, Basel: Beltz Juventa.

Mennemann, Hugo/Dummann, Jörn (2018): Einführung in die Soziale Arbeit. 2. Auflage. Baden-Baden: Nomos Verlagsgesellschaft.

Merchel, Joachim (2013): Qualitätsmanagement in der Sozialen Arbeit. 4. Auflage. Weinheim: Beltz Juventa.

Meyer, Christine (2009): „Freunde sind Fremde, die sich finden" – Liebe und Freundschaft im Generationenverhältnis in der Sozialen Arbeit. In: *Meyer, Christine/Tetzer, Michael/Rensch, Katharina* (Hrsg.): Liebe und Freundschaft in der Sozialpädagogik. Personale Dimension professionellen Handelns. Wiesbaden: Verlag für Sozialwissenschaften. S. 53–74.

Meyer-Drawe, Käte (2012): „Liebe ist ein schönes Wort" – Missbrauch und Traumatisierung. In: *Thole, Werner/Baader, Meike/Helsper, Werner/Kappeler, Manfred/Leuzinger-Bohleber/Reh, Sabine/Sielert, Uwe/Thompson, Christiane* (Hrsg.): Sexualisierte Gewalt, Macht und Pädagogik. Opladen: Budrich. S. 129–137.

Muckel, Petra (2007): Die Entwicklung von Kategorien mit der Methode der Grounded Theory. In: Historical Social Research, Supplement 19, S. 211–231.

Müller, Burkhardt (2012): Professionalität. In: *Thole, Werner* (Hrsg.): Grundriss Soziale Arbeit. Ein einführendes Handbuch. 4. Auflage. Wiesbaden: VS Verlag für Sozialwissenschaften. S. 955–974

Müller, Burkhard (2019): Nähe, Distanz, Professionalität. Zur Handlungslogik von Heimerziehung als Arbeitsfeld. In: *Dörr, Margret* (Hrsg.): Nähe und Distanz. Ein Spannungsfeld pädagogischer Professionalität. 4. Auflage. Weinheim, Basel: Beltz Juventa. S. 171–188.

Müller, Jürgen (2006): Sozialpädagogische Fachkräfte in der Heimerziehung – Job oder Profession? Eine qualitativ-empirische Studie zum Professionswissen. Bad Heilbrunn: Julius Klinkhardt Verlag.

Nohl, Herman (1933): Die Theorie der Bildung. In: *Nohl, Herman/Pallat, Ludwig*: Handbuch der Pädagogik. Langensalza: Julius Beltz. S. 3–80.

Nohl, Herman (1966): Die Theorie der Bildung. In: *Nohl, Herman/Pallat, Ludwig* (Hrsg.): Handbuch der Pädagogik. 1. Band: Die Theorie und die Entwicklung des Bildungswesens. Weinheim: Julius Beltz. S. 3–80.

Online-Wörterbuch Wortbedeutung (2020): gedrosselt. Online: https://www.wortbedeutung. info/gedrosselt/ (Zugriff: 24.09.2020).

Paseka, Angelika/Hinzke, Jan-Hendrik (2014): Fallvignetten, Dilemmainterviews und dokumentarische Methode: Chancen und Grenzen für die Erfassung von Lehrerprofessionalität. In: Lehrerbildung auf dem Prüfstand. Jg. 7/Heft 1. S. 46–63.

Petzold, Hilarion G. (2013): Beziehungsgestaltung und Arbeitsbündnis in der Psychotherapie. In: Psychologische Medizin. Jg. 24/Heft 2. S. 15–24.

Pflüger, Jessica (2013): Qualitative Sozialforschung und ihr Kontext. Wissenschaftliche Teamarbeit im internationalen Vergleich. Wiesbaden: Springer VS.

Prengel, Annedore (2019): Pädagogische Beziehungen im Lichte der Kinderrechte. In: *Herrmann, Ulrich* (Hrsg.): Pädagogische Beziehungen. Grundlagen – Praxisformen – Wirkungen. Weinheim, Basel: Beltz Juventa. S. 73–82.

Rädiker, Stefan/Kuckartz, Udo (2019): Analyse qualitativer Daten mit MAXQDA. Text, Audio und Video. Wiesbaden: Springer VS.

Rätz, Regina (2011): Professionelle Haltungen in der Gestaltung pädagogischer Beziehungen. In: *Düring, Diana/Krause, Hans-Ullrich* (Hrsg.): Pädagogische Kunst und professionelle Haltungen. Frankfurt am Main: IGfH-Eigenverlag. S. 65–74.

Rätz, Regina (2017): Beziehung ist alles – aber nicht nur! Das Zusammenspiel zwischen (sozial)pädagogischer Beziehung und sozialem Ort als Bedingung gelingender Erziehungshilfen. In: Forum Erziehungshilfen, Jg. 23/Heft 3. S. 137–141.

Reinders, Heinz (2015): Interview. In: *Reinders, Heinz/Ditton, Hartmut/Gräsel, Cornelia/Gniewosz, Burkhardt* (Hrsg.): Empirische Bildungsforschung. Strukturen und Methoden. 2. Auflage. Wiesbaden: Springer VS. S. 93–107.

Reinders, Heinz/Ditton, Hartmut (2015): Überblick Forschungsmethoden. In: *Reinders, Heinz/Ditton, Hartmut/Gräsel, Cornelia/Gniewosz, Burkhardt* (Hrsg.): Empirische Bildungsforschung. Strukturen und Methoden. 2. Auflage. Wiesbaden: Springer VS. S. 49–56.

Ricken, Norbert (2012): Macht, Gewalt und Sexualität in pädagogischen Beziehungen. In: *Thole, Werner/Baader, Meike/Helsper, Werner/Kappeler, Manfred/Leuzinger-Bohleber, Marianne/Reh, Sabine/Sielert, Uwe/Thompson, Christiane* (Hrsg.): Sexualisierte Gewalt, Macht und Pädagogik. Opladen: Budrich. S. 103–117.

Schäfter, Cornelia (2010): Die Beratungsbeziehung in der Sozialen Arbeit. Eine theoretische und empirische Annäherung. Wiesbaden: VS Verlag für Sozialwissenschaften.

Schefold, Werner (2012): Sozialpädagogische Forschung – Stand und Perspektiven. In: *Thole, Werner* (Hrsg.): Grundriss Soziale Arbeit. Ein einführendes Handbuch. 4. Auflage. Wiesbaden: VS Verlag für Sozialwissenschaften. S. 1123–1144.

Schiemann, Julia (2017): Die Bedeutung der professionellen Beziehungsarbeit in der stationären Kinder- und Jugendhilfe am Beispiel der Heimerziehung. Online: https://digibib. hs-nb.de/file/dbhsnb_thesis_0000001647/dbhsnb_derivate_0000002330/Bachelorarbeit-Schiemann-2017.pdf (Zugriff: 18.09.2020).

Schleiffer, Roland (2015): Fremdplatzierung und Bindungstheorie. Weinheim, Basel: Beltz Juventa.

Schmidt, Martin H./Schneider, Karsten/Hohm, Erika/Pickartz, Andrea/Macsenaere, Michael/Pertermann, Franz/ Flosdorf, Peter/Hölzl, Heinrich/Knab, Eckart (2002): Effekte erzieherischer Hilfen und ihre Hintergründe. Stuttgart: Kohlhammer.

Schnurr, Stefan (2003): Vignetten in quantitativen und qualitativen Forschungsdesigns. In: *Otto, Hans-Uwe/Oelerich, Gertrud, Micheel, Heinz-Günter* (Hrsg.): Empirische Forschung und Soziale Arbeit. Ein Lehr- und Arbeitsbuch. München, Unterschleißheim: Luchterhand. S. 393–400.

Schröder, Achim (2002): Jugendarbeit: Reflektieren lernen. In: Hessische Jugend. Jg. 54/Heft 4. S. 10–13.

Schroll, Britta (2007): Bezugsbetreuung für Kinder mit Bindungsstörungen. Ein Konzept für die heilpädagogische-therapeutische Praxis. Marburg: Tectum.

Seifert, Anja/Sujbert, Monika (2013): Phänomene der pädagogischen Entgrenzung: Konstruktionen des Phänomens Nähe und Distanz im institutionellen Alltag. In: *Strobel-Eisele, Gabriele/Roth, Gabriele* (Hrsg.): Grenzen beim Erziehen. Nähe und Distanz in pädagogischen Beziehungen. Stuttgart: Kohlhammer. S. 166–181.

Stangl, Werner (2020): Grounded Theory. Online: https://lexikon.stangl.eu/9339/grounded-theory/ (Zugriff: 21.10.2020).

Statistisches Bundesamt (2019): Internationaler Tag der Kinderrechte: Fakten zur Situation in Deutschland. Online: https://www.destatis.de/DE/Presse/Pressemitteilungen/2019/11/PD19_N010_225.html (Zugriff: 11.09.2020).

Strauss, Anselm/Corbin, Juliet (1996): Grounded Theory. Grundlagen Qualitativer Sozialforschung. Weinheim: Beltz Juventa.

Strobel-Eisele, Gabriele/Roth, Gabriele (Hrsg.) (2013): Grenzen beim Erziehen. Nähe und Distanz in pädagogischen Beziehungen. Stuttgart: Kohlhammer.

Strübing, Jörg (2018): Grounded Theory: Methodische und methodologische Grundlagen. In: *Pentzold, Christian/Bischof, Andreas/Heise, Nele* (Hrsg.): Praxis Grounded Theory. Theoriegenerierendes empirisches Forschen in medienbezogenen Lebenswelten. Ein Lehr- und Arbeitsbuch. Wiesbaden: Springer VS. S. 27–52.

Tabel, Agathe/Pothmann, Jens/Fendrich, Sandra (2019): HzE Bericht 2019. Münster, Köln, Dortmund: Landschaftsverband Rheinland, Landschaftsverband Westfalen-Lippe. Online: https://www.lvr.de/media/wwwlvrde/jugend/service/arbeitshilfen/dok umente_94/jugend_mter_1/jugendhilfeplanung/daten_und_demografie/hze/HzE_Ber icht_2019_-_Datenbasis_2017_-_Web.pdf (Zugriff: 10.09.2020).

Tetzer, Michael (2009): Zum Verhältnis von Emotionalität und Rationalität in der Sozialpädagogik. In: *Meyer, Christine/Tetzer, Michael/Rensch, Katharina* (Hrsg.): Liebe und Freundschaft in der Sozialpädagogik. Personale Dimension professionellen Handelns. Wiesbaden: VS Verlag für Sozialwissenschaften. S. 103–120.

Tetzer, Michael (2011): Liebe und sozialpädagogische Professionalität. Reflexionen im Gegenlicht des emotionstheoretischen Ansatzes nach Martha Nussbaum. In: *Drieschner, Elmar/Gaus, Detlef* (Hrsg.). Liebe in Zeiten pädagogischer Professionalisierung. Wiesbaden: VS Verlag für Sozialwissenschaften. S. 179–207.

Teuber, Kristin (2003): Einleitung. In: *Hast, Jürgen/Schlippert, Herbert/Schröter, Katrin/Sobiech, Dagobert/Teuber, Kristin* (Hrsg.) (2003): Heimerziehung im Blick. Perspektiven des Arbeitsfeldes Stationäre Erziehungshilfen. Frankfurt am Main: Internationale Gesellschaft für erzieherische Hilfen (IGfH). S. 7–16.

Thiele, Sabrina (2009): Work-Life-Balance zur Mitarbeiterbindung. Eine Strategie gegen den Fachkräftemangel. Hamburg: Diplomica Verlag GmbH.

Thiersch, Hans (2019): Nähe und Distanz in der Sozialen Arbeit. In: *Dörr, Margret* (Hrsg.): Nähe und Distanz. Ein Spannungsfeld pädagogischer Professionalität. 4. Auflage. Weinheim, Basel: Beltz Juventa. S. 42–59.

Thiersch, Hans/Thiersch, Renate (2009): Beziehungen in der Erziehung – essayistische Bemerkungen. In: *Meyer, Christine/Tetzer, Michael/Rensch, Katharina* (Hrsg.): Liebe und Freundschaft in der Sozialpädagogik. Personale Dimension professionellen Handelns. Wiesbaden: VS Verlag für Sozialwissenschaften. S. 13–22.

Thole, Werner/Cloos, Peter/Marks, Svenja/Sehmer, Julian (2019): Alltag, Organisationskultur und beruflicher Habitus. Zur Kontextualisierung von Nähe und Distanz im sozialpädagogischen Alltag. In: *Dörr, Margret* (Hrsg.): Nähe und Distanz. Ein Spannungsfeld pädagogischer Professionalität. 4. Auflage. Weinheim, Basel: Beltz Juventa. S. 204–216.

Treptow, Rainer (2012): Bildungsprozesse im Feld der Heimerziehung: Partizipation, Transparenz, Weltbezüge. In: Forum Erziehungshilfen. Jg. 18/Heft 3. S. 132–135.

Truschkat, Inga/Kaiser-Belz, Manuela/Volkmann, Vera (2011): Theoretisches Sampling in Qualifikationsarbeiten: Die Grounded-Theory-Methodologie zwischen Programmatik und Forschungspraxis. In: *Mey, Günter/Mruck, Katja* (Hrsg.): Grounded Theory Reader. 2. Auflage. Wiesbaden: VS Verlag für Sozialwissenschaften. S. 353–380.

Unabhängige Kommission zur Aufarbeitung sexuellen Kindesmissbrauchs (Hrsg.) (2020): Geschichten, die zählen. Band I: Fallstudien zu sexuellem Kindesmissbrauch in der evangelischen und katholischen Kirche und in der DDR. Wiesbaden: Springer VS.

Von Hippel, Aiga (2011): Programmplanungshandeln im Spannungsfeld heterogener Erwartungen – Ein Ansatz zur Differenzierung von Widerspruchskonstellationen und professionellen Antinomien. In: REPORT Zeitschrift für Weiterbildungsforschung. Jg. 34/Heft 1. S. 45–60.

Von Spiegel, Hiltrud (2018): Methodisches Handeln in der Sozialen Arbeit. 6. Auflage. München: Ernst Reinhardt Verlag.

Wagenblass, Sabine (2004): Vertrauen in der Sozialen Arbeit. Theoretische und empirische Ergebnisse zur Relevanz von Vertrauen als eigenständiger Dimension. Weinheim, München: Beltz Juventa.

Weber, Kristina Maria/Zimmermann, Germo (2016): Grounded Theory computerunterstützt? Strategien zur Datenanalyse mit quintexA. In: *Equit, Claudia/Hohage, Christoph* (Hrsg.): Handbuch Grounded Theory. Von der Methodologie zur Forschungspraxis. Weinheim, Basel: Beltz Juventa. S. 462–482.

Weichbold, Martin (2019): Pretest. In: *Baur, Nina/Blasius, Jörg* (Hrsg.): Handbuch Methoden der empirischen Sozialforschung. 2. Auflage. Wiesbaden: Springer VS. S. 349–356.

Wigger, Annegret (2017): Immer wieder in Kontakt gehen…. In: Forum Erziehungshilfen Jg. 23/Heft 3. S. 142–146.

Winkler, Michael (1989): Zwischen Affirmation und Negation: Heimerziehung auf der Suche nach der eigenen Legitimität. In: Sozialwissenschaftliche Literatur-Rundschau. Jg. 12/Heft 19. S. 7–21.

Witzel, Andreas (1982): Verfahren der qualitativen Sozialforschung. Überblick und Alternativen. Frankfurt am Main: Campus.

Printed in the United States
by Baker & Taylor Publisher Services